るるぶ

毎日5分でまなびの種まき

かがくのおはなし

筑波大学附属小学校
理科教育研究部 教諭

辻 健 監修

JTBパブリッシング

はじめに

あれ、ふしぎだな？　あっ、こんなものみつけた！
こうえんや山《やま》、海《うみ》、川《かわ》などにでかけると、
たくさんの「ふしぎ？」や「はっけん！」にであうことができます。
よし！　じゃあおうちでくわしくしらべてみよう！
そこからが、「かがく」のはじまりです。

こうえんで見《み》つけた「たね」をもちかえって、「どんな、芽《め》がでるかな？」と
ぎもんをもって、水《みず》を毎日《まいにち》あげると……
ある日《ひ》、土《つち》がもりあがってきて、みどりの葉《は》っぱが顔《かお》をのぞかせます。
その葉《は》っぱを見《み》ているうちに、さらに「ふしぎ？」や「はっけん！」が
見《み》つかることでしょう。
「かがく」のワクワクに終《お》わりはありません。

ずかんやインターネットでしらべることもためになりますが、
「かがく」はやっぱり、自分《じぶん》の手《て》で、自分《じぶん》の頭《あたま》で、自分《じぶん》の心《こころ》で
じっさいにやってみることが大切《たいせつ》です。

この本《ほん》には、たくさんの「ふしぎ？」や「はっけん！」があります。
読《よ》むだけでまんぞくせずにここからさらなる「ふしぎ？」を見《み》つけて
さらに、しらべてみるともっとたくさんの知《し》らなかったことにであえるはずです。
さあ！　この本《ほん》をきっかけに「かがく」のワクワクをはじめてみよう！

筑波大学附属小学校　理科教育研究部　教諭
辻 健

保護者の方へ

「ねえ、ねえ、どうして空は青いの？」「どうして、葉は緑色なの？」「どうして石はかたいの？」子どもたちは、？（不思議）探しの名人。目に付くいろんなものから、疑問がわいてくるかのようです。質問された方は、何とか必死で適切な答えを探し、わかりやすく伝えようとしますが、またすぐに質問が……。これではキリがありません。

そんなとき、このように返してあげたらどうでしょう。
「いい疑問だね。どうして○○ちゃんは、そのことを不思議に思ったの？」そうするときっと、疑問を思いついたときに見たものや、そのものをどのように見ていたのかについて子どもは答えることでしょう。
「夕方は空が赤くなるのに、いつもは青いから……」
大切なのは、その疑問が出てきたときに、その子が見ていたことや考えたことです。どのような考えがもとになっているのか、どのようにそのものをとらえているのか。保護者のみなさんはぜひ、お子様の考えやとらえ方が変わっていくことをともに楽しんでいただければと思います。

本書には、科学に関するたくさんの情報が載っていて、子どもたちの興味や関心をひきますが、それと同時に、たくさんの？（不思議）も載っています。
この本を読んで科学のことが詳しくわかることも大切なのですが、それよりも、たくさんの不思議に出あい、自分の頭で考えたり、手を動かして試したりしながら、科学を深める姿や楽しむ姿が広がっていけば幸いです。

わたしたちの身の回りにあふれるたくさんの「？」は、お子様の好奇心をさらに高めることでしょう。

もくじ

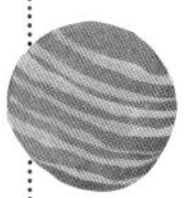

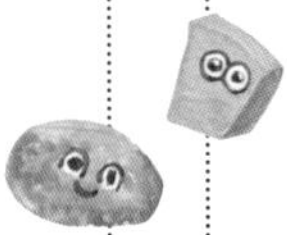

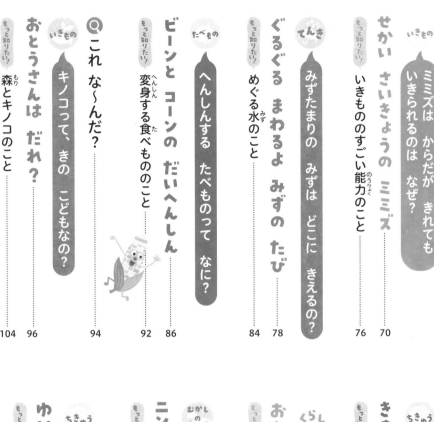

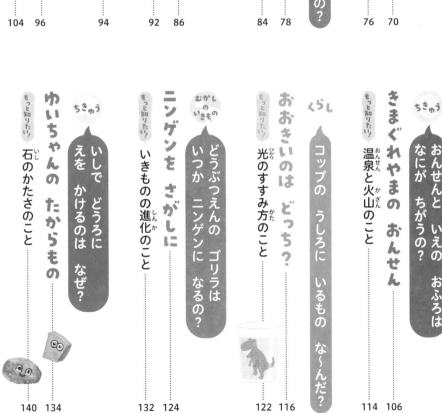

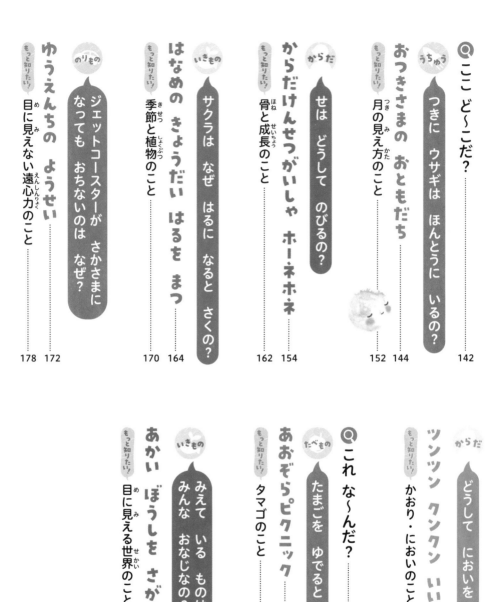

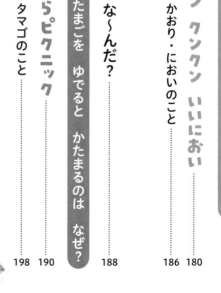

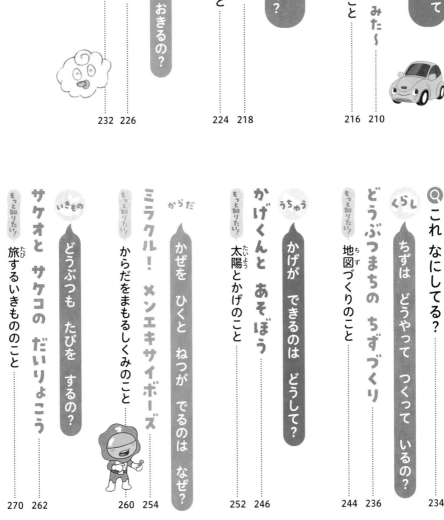

本書《ほんしょ》のつかい方《かた》とポイント

この本《ほん》は子《こ》どものギモンにこたえる楽《たの》しいお話《はなし》と、写真《しゃしん》を使《つか》ったクイズ、イラストでわかりやすい解説《かいせつ》ページからできています。子《こ》どもの「もっと知《し》りたい！」という知的好奇心《ちてきこうきしん》や観察力《かんさつりょく》を育《そだ》てるしかけが満載《まんさい》です。

ぼくはわからないことがだ～い好《す》き！世《よ》の中《なか》にはふしぎなことがいっぱいあるんダネ！ぼくといっしょに、かがくの旅《たび》へでかけよう！

＼シリーズキャラクター／

だ～ねくん

まなびの種《たね》から生《う》まれた。わからないことやふしぎなことが好《す》き。ダネが口《くち》ぐせ。

お話《はなし》とクイズ

お話《はなし》は、全部《ぜんぶ》で28話《わ》。どれも、6～8ページで読《よ》めるショートストーリーで、忙《いそが》しいママ・パパでも5分程度《ふんていど》で読《よ》み聞《き》かせすることができます。全《ぜん》ページふりがなつきなので、小《しょう》学校低学年《がっこうていがくねん》ならひとり読《よ》みもできます。

ジャンル

宇宙《うちゅう》、地球《ちきゅう》、いきもの、からだ、乗《の》りもの、天《てん》気《き》、食《た》べもの、くらしなど、10の科学《かがく》をテーマにしています。

お話《はなし》を読《よ》むことでわかる、子《こ》どものギモンが書《か》かれています。

クイズ

お話《はなし》には、絵《え》さがしやクイズがついています。また、お話《はなし》によっては写真《しゃしん》を使《つか》った「これな～んだ」などのクイズページもついています。

オノマトペや回文《かいぶん》、早口《はやくち》言葉《ことば》、強調《きょうちょう》して読《よ》むとおもしろいフレーズは、大《おお》きな文字《もじ》にしています。

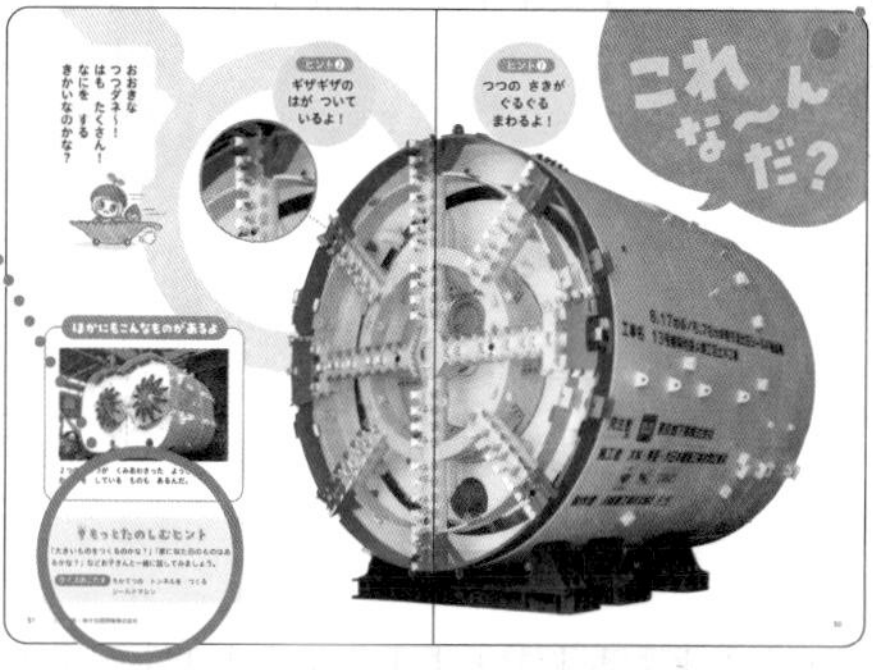

楽《たの》しむヒント

読《よ》み聞《き》かせのポイントや、内容《ないよう》の補足《ほそく》、子《こ》どもの興味《きょうみ》や関心《かんしん》を広《ひろ》げるための声《こえ》がけ例《れい》を紹介《しょうかい》しています。

おたのしみ クイズ

この　ほんには　ほかにも、
こんな　クイズが　あるよ。
やってみてね！

1 かくれ だ～ねくんを さがせ！

おはなしの　どこかに　だ～ねくんが
かくれて　いるよ。かくれて　いる
ばしょは　ぜんぶで　３かしょ！
どこに　いるか　さがして　みてね。

2 かぞえて あそぼう！

おはなしに　でてくる、つぎの
ものが　なんこ
あるか　かぞえて　みよう！

- ハートの　かたちの　もの
- とけい
- ふうせん

こたえは、このほんの
272ページの　となり
に　あるよ！

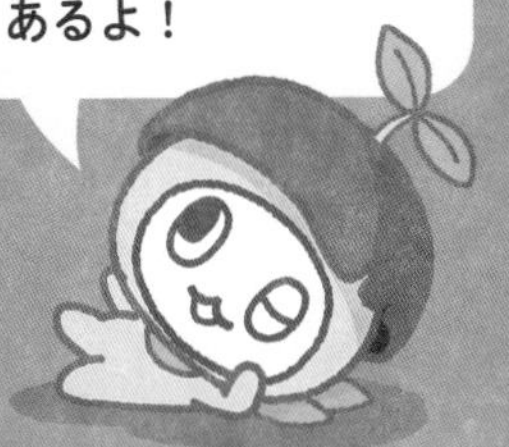

解説《かいせつ》ページ

すべてのお話《はなし》にイラストで図解《ずかい》した、解《かい》説《せつ》ページがついています。

冒頭部分《ぼうとうぶぶん》には、子《こ》どものギモンにたいする簡単《かんたん》な答《こた》えをまとめています。

親子《おやこ》でチャレンジ

親子《おやこ》でおでかけしたり、あそびながら科学知識《かがくちしき》を深《ふか》めるアイデアを紹介《しょうかい》しています。道具《どうぐ》を使《つか》う際《さい》には、保護者《ほごしゃ》の監督《かんとく》のもと、十分《じゅうぶん》注意《ちゅうい》して行《おこな》ってください。

図解《ずかい》

わかりやすいイラストで、子《こ》どものギモンにたいして、くわしく解説《かいせつ》します。

水《みず》はとうめいダネ！
でも雲《くも》になると白《しろ》く見《み》えるのはふしぎダネ！

だ～ねくんの問《と》いかけは、子《こ》ども「ここがわからない！」「もっと知《し》りたい！」気持《きも》ちをアップさせます。子《こ》どもが興味《きょうみ》をもったら、一緒《いっしょ》に調《しら》べてみましょう。

これなん〜だ？

ヒント❶

ツノじゃ
ないよ！

ヒント❷

むかしの
いきものの
からだだよ!

ふしぎな
かたち　ダネ!
いったい
なんだろう?

もっとたのしむヒント

はじめに、形を楽しんでみてください。右は肉食恐竜の歯の化石で、左は植物食恐竜の歯の化石です。またカコミ内の化石は肉食恐竜と、植物食恐竜の足跡の化石です。化石には恐竜だけではなく、動物や植物などさまざまな種類があるので、博物館に見に行くのもいいですね。

クイズのこたえ きょうりゅうの　かせき

ほかにもこんなものがあるよ

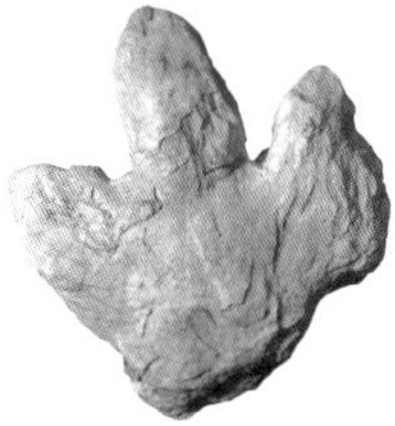

なにかの　あしあと　みたい!
なんだろう?

写真提供：P10 長崎市産ティラノサウルス科の歯の化石→長崎市恐竜博物館・福井県立恐竜博物館、P11 ティタノサウルス形類の歯の化石→徳島県立博物館、P11 肉食恐竜（ディロフォサウルスなど）の足跡化石ユーブロンテス（カコミ右）と植物食恐竜（鳥脚類）の足跡化石（カコミ左）→横須賀市自然・人文博物館

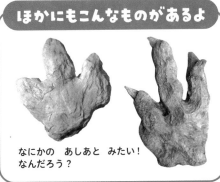

かせきの　とげちゃん

なんで　かせきで　きょうりゅうの　くらしが　わかるの？

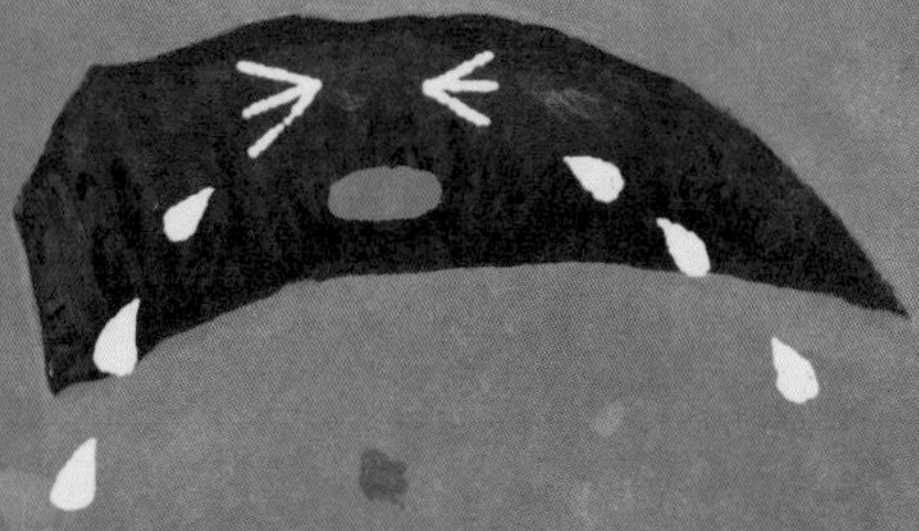

たおくんが　おとうさんと
かいがんを　さんぽして　いると、
「そこの　きみ、たすけて～。」
という　こえが　しました。
よく　みたら　しまもようの
いわに　とがった
いしが　はまって
かなしそうに　ないて　います。

クイズ

この
かせきは
なんページに
でてくるかな？

おとうさんが　ていねいに
いしを　とりはずして
あげました。
「これは　かせきだね。」
「かせき？」
たおくんの　おとうさんは
かせきの　けんきゅうしゃです。
はくぶつかんで
はたらいて　います。

おとうさんが
「かせきは　おおむかしの
いきものの　ほねに
つちや　すななどが
つもって　つちに
うもれて　できた
もの　なんだ。」と
おしえて　くれました。

たおくんが　どんな
いきものの　かせきか
かんがえて　いると
なきやんだ　かせきが
いいました。
「ぼくは　とげちゃん！
なかまが　バラバラに
なっちゃったから
みつけて　くれる？」

たおくんと　おとうさんは　とげちゃんの
なかまを　さがしました。
「とげちゃんと　おなじ　かせきかな？」

とげちゃんを　ちかづけると
かせきが　ぴょんと　でて　きました。
「ぼくは　つめの　かせき！」
「わたしたちは　あしの
ほねの　かせき！」

こえに　つられて　まわりから、
ちいさい　かせきや
ながい　かせき、
まがった　かせきが
あつまって　きました。

「これで　ぜんぶ？」
たおくんは　とげちゃんに　ききました。
「いや　まだ　たくさん　あるはず　なんだけど。」
「このまま　バラバラの　ままなの　かしら？」
かせきたちは　かなしくなって、
なきだして　しまいました。

それを　みた　おとうさんが
いいました。
「よし、あとは　おとうさんに
まかせろ！」
おとうさんは　みつけた
かせきを　けんきゅうしつに
もちかえって　きれいに　しました。
かせきから　どんな
いきものなのか　しらべてから、
みつからなかった
からだの　ほねを　つくりました。

「たおくん、おいで！」
あるひ　おとうさんが
はたらいて　いる
はくぶつかんに　いくと
めの　まえには　おおきな
ティラノサウルスの
ひょうほんが　ありました。
「ありがとう！」
たおくんが　くちを　みると　そこには
とげちゃんが　いて　わらって　いました。

もっとたのしむヒント

お話を読んだ後に「日本にはどんな恐竜がいたのかな？　調べてみようか」と声をかけてみるといいですね。また、18 ～ 19 ページの恐竜の骨格標本には、17 ページで見つかったとげちゃんの仲間の化石もいるので、お子さんと一緒に探してみてください。

クイズのこたえ 17ページ

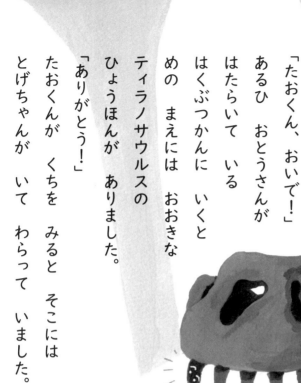

もっと知《し》りたい!

恐竜《きょうりゅう》の化石《かせき》のこと

恐竜《きょうりゅう》は、いまから2おく3000万《まん》～6600万年《まんねん》ほど前《まえ》に地上《ちじょう》にいた、トカゲやワニなどのは虫類《ちゅうるい》のなかまです。大むかしの恐竜《きょうりゅう》のことがわかるのは、恐《きょう》竜《りゅう》のからだのとくちょうや、くらしぶりが化石《かせき》でのこっているからです。

世界《せかい》でいちばん大《おお》きい恐竜《きょうりゅう》ってなんだろう？

化石《かせき》からわかる恐竜《きょうりゅう》のくらし

歯《は》や骨《ほね》の化石《かせき》、うんちや足《あし》あとなどの生活《せいかつ》のあとがわかる化石《かせき》をしらべると、恐竜《きょうりゅう》たちのくらしやからだのとくちょうがわかります。

たとえば、歯《は》の化石《かせき》の形《かたち》や、恐竜《きょうりゅう》のうんちをしらべると、その恐竜《きょうりゅう》が食《た》べていたものがわかります。大《だい》たい骨《こつ》の太《ふと》さや大《おお》きさから体重《たいじゅう》を予《よ》想《そう》したり、腰《こし》の高《たか》さと連続《れんぞく》する足《あし》あとのはばなどから走《はし》るスピードを想像《そうぞう》したりできます。

ティラノサウルス

肉《にく》を食《た》べるティラノサウルスの歯《は》は、肉《にく》をかみちぎりやすいよう、するどくとがっている。

ブラキオサウルス

細長《ほそなが》い歯《は》をもつブラキオサウルスは、高《たか》い木《き》の枝《えだ》をくわえたら、細長《ほそなが》い歯《は》で葉《は》をすきとって食《た》べる。

恐竜《きょうりゅう》の色《いろ》がわかるのはなぜ？

からだの色《いろ》の手《て》がかりとなる皮《ひ》ふや羽《はね》などのやわらかい部分《ぶぶん》は、ふつうは化石《かせき》としてのこりません。ほとんどのものは、いまのは虫類《ちゅうるい》や鳥類《ちょうるい》の色《いろ》から想像《そうぞう》して、色《いろ》をつけています。しかし、中国《ちゅうごく》で発見《はっけん》された羽毛恐竜《うもうきょうりゅう》の羽毛《うもう》の化石《かせき》をしらべたところ、羽毛《うもう》に色《いろ》のもとがのこっていたことから、一部《いちぶ》の恐竜《きょうりゅう》の色《いろ》がわかるようになりました。

シノサウロプテリクス

2010年《ねん》に中国《ちゅうごく》で発見《はっけん》された羽毛恐竜《うもうきょうりゅう》シノサウロプテリクス。しっぽの色《いろ》ともようがわかっている。

ふんの化石《かせき》に骨《ほね》のかけらが多《おお》くまじっていると肉食《にくしょく》の恐竜《きょうりゅう》、木《き》などのかけらが多《おお》くまじっていると植物食《しょくぶつしょく》の恐竜《きょうりゅう》のかのうせいが高《たか》い。

スイッチを　おしたら　きかいが　うごくのは　なんで？

ふしぎな　スイッチ

あるひの　ゆうぐれ。
すいちゃんが　おかしを
たべようと　おかしだなを
あけると、みた　ことも　ない
スイッチが　ありました。
「なんだろう、これ？」と
なにげなく　スイッチを　**ポチッ！**と
おすと、べつの　ひきだしが　**パッ！**と
あいて、なかから　ちいさな　ピエロが
でて　きました。

クイズ

このくだものは
なんページに
でてくるかな？

「こんにちは。ぼくは　スイッチピエロっぴ。
この　せかいの　スイッチや　ボタンを
みまもる　ピエロっぴ。
ほら、いえの　なかにも
スイッチや　ボタンが　たくさん　あるっぴ。
それらを　おして　ちゃんと　きかいが
うごくか　たしかめて　いるっぴ。
あなたも　スイッチを　おすのを
てつだって　くれるっぴか？」

すいちゃんは　リビングの
スイッチを　**パチッ！**
パッ！と　あかりが　つきました。
テレビの　リモコンを　**ポチッ！**
パッ！と　テレビが　つきました。
すいはんきの
ボタンを　**ピッ！**
ピピピ！と　ふっくら
ごはんが　たけました。
「すばらしい！　この　いえの
スイッチは　もんだいないっぴ。
それでは　ぼくは、かえるっぴ。」
「やだ！　ピエロさん、もっと
スイッチ　おしてみたい！」

「それなら　とくべつな
スイッチが　あるっぴ。」
スイッチピエロは　きらきらに
かがやく　スイッチを
さしだしました。
「これを　おしたら
どうなるの？」
「それは　おしてからの
おたのしみっぴ。」
すいちゃんは　おそるおそる
スイッチを　おしました。

ポチッ！

パカッ！と　リビングの　ゆかが　あくと、
ちかへ　いく　かいだんが　ありました。
かいだんを　おりると……。
「ここは　ちかの
おかしこうじょう。
こうじょうの
スイッチを
おすのを　てつだって
くれるっぴか？」
すいちゃんが
スイッチを　**ポチッ！**
ベルトコンベヤーが
うごきました。

ポチッ！
おかしロボットが
クリームを　つけました。
ポチッ！
チョコレートフォンデュが
ながれました。
「わ～い！　もっと
スイッチ　ないかしら？」
すいちゃんが　すみに
あった　くろい　スイッチを
みつけました。
ポチッ！
「いけない！　その　スイッチは
かくして　いたっぴよ！」

くろい　スイッチを　おすと、
じめんの　すきまから　ゆらゆらと
ゆうれいが　でて　きました。
くちを　あけて
すいちゃんを　おいかけて　きます。

「たすけて～！　ピエロさん
どうしたら　いいの？」
「すいさん、たいようの　マークの
スイッチを　おしてっぴ！」
「これね！」

ポチッ！

もっとたのしむヒント

お子さんにスイッチを押すあそびをしてもらいながら読むと、よりお話の世界に入ることができます。読み終えたら、家の中で、スイッチを探して楽しむのもいいですね。

クイズのこたえ 26ページ

パッ！

「や～ね～、あかりも　つけずに
ねているなんて。」
おかあさんが　リビングの　あかりを
つけました。
「そうか、あかりの　スイッチを
おせば　おばけは　きえるのね。」
すいちゃんは　クスリと　わらって
おかしだなに　はいって　いく
スイッチピエロに　こっそり
てを　ふりました。

もっと知《し》りたい!

スイッチと電気《でんき》のこと

電化製品《でんかせいひん》は、そのなかにある電気《でんき》のとおり道《みち》(導線《どうせん》)にながれる電気《でんき》でうごきます。スイッチは電気《でんき》のとおり道《みち》にながれる電気《でんき》をちょうせつする部品《ぶひん》で、スイッチによって、電化製品《でんかせいひん》もうごいたり止《と》まったりします。

スイッチは電気《でんき》のつかいすぎをへらす

電化製品《でんかせいひん》がうごくには、なかにある電気《でんき》のとおり道《みち》がわっかのようにつながっている必要《ひつよう》があります。しかし、つねに電気《でんき》のとおり道《みち》に電《でん》気《き》がながれっぱなしだと、電池《でんち》がすぐになくなって、機械《きかい》がこわれてしまうかもしれません。そこで、スイッチを切《き》りかえて、電気《でんき》をながしたり止《と》めたりしているのです。

スイッチは電気《でんき》をとおす金《きん》ぞくと、とおさないものでできているんだっぴ!

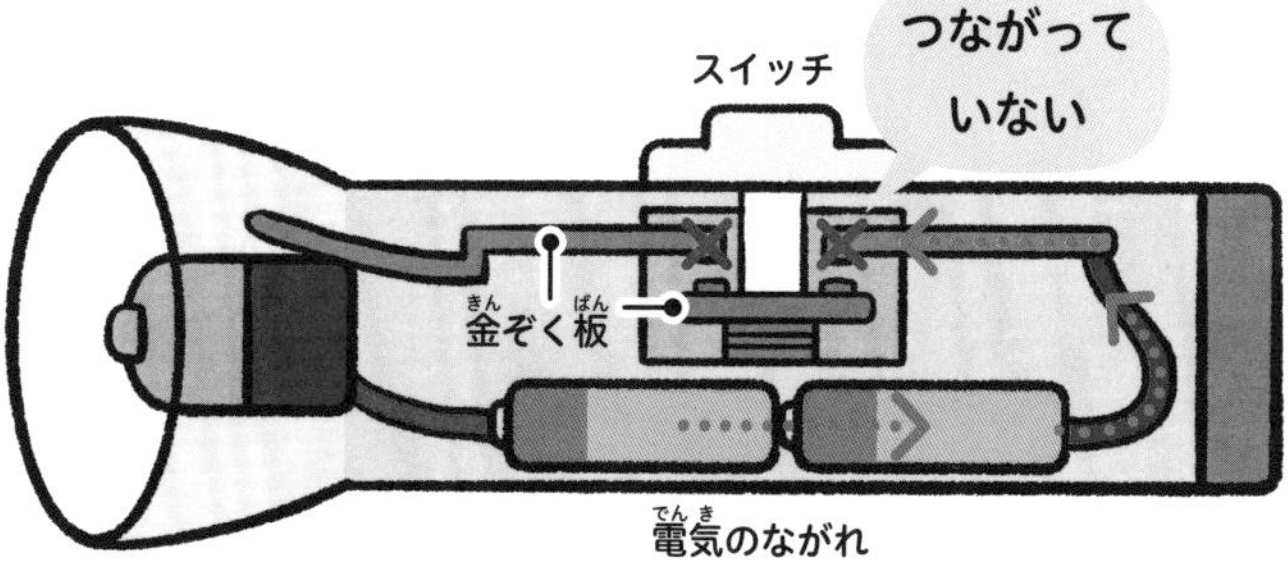
スイッチ
つながっていない
金《きん》ぞく板《ばん》
電気《でんき》のながれ

スイッチが入《はい》っていないときは、金《きん》ぞく板《ばん》がはなれていて、電気《でんき》のとおり道《みち》がつながっていない。

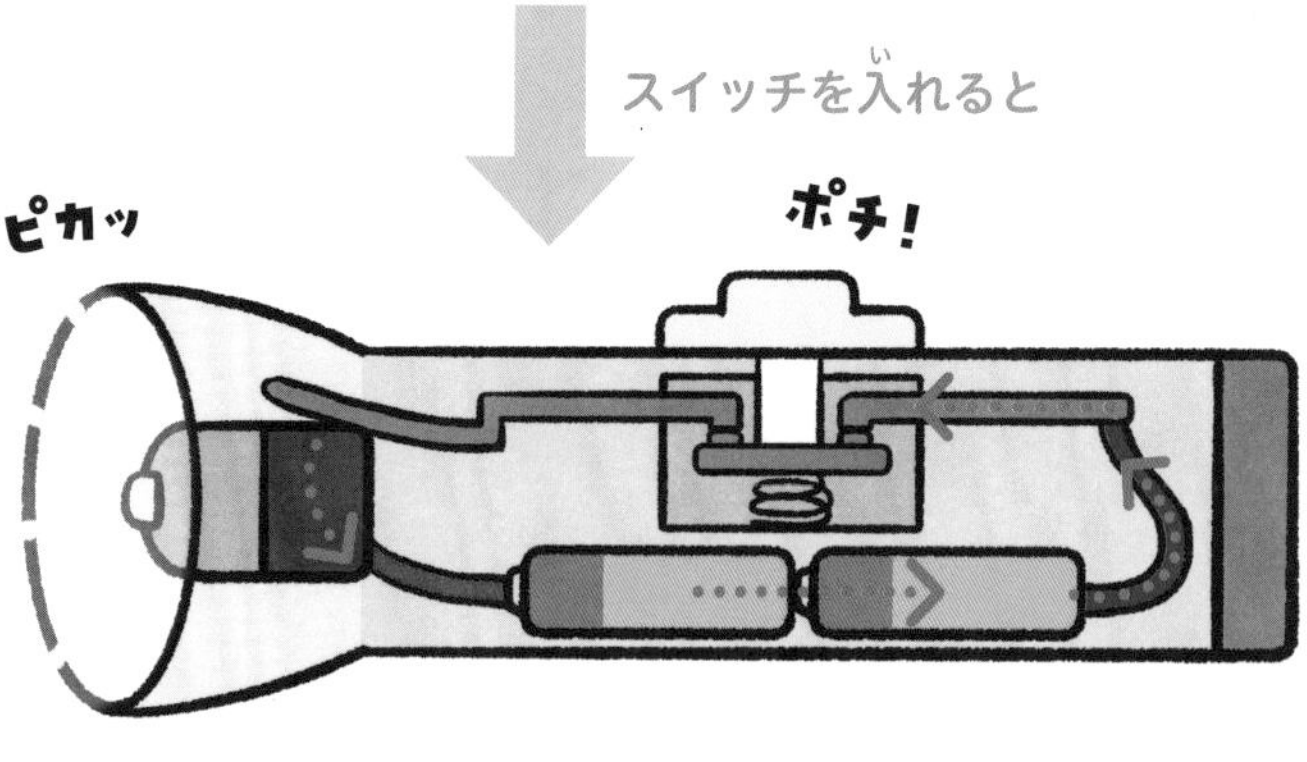
スイッチを入《い》れると
ピカッ
ポチ!

スイッチを入《い》れると、金《きん》ぞく板《ばん》どうしがスイッチの金《きん》ぞくでできた部分《ぶぶん》とくっついて、電気《でんき》のとおり道《みち》がつながり、電気《でんき》がながれる。

階段《かいだん》のあかりのスイッチ

キッチンのあかりはキッチンのあかりのスイッチ、おふろ場《ば》のあかりはおふろ場《ば》のあかりのスイッチというように、ふつうはそれぞれ一《ひと》つのスイッチであかりをつけたりけしたりします。しかし、階段《かいだん》のあかりは上《うえ》の階《かい》と下《した》の階《かい》の二《ふた》つのスイッチでつけたりけしたりできます。ふしぎですね。

じつは、二《ふた》つのスイッチと電気《でんき》のとおり道《みち》をくふうすることで、こうしたことができるようになっているのです。

テレビはリモコンのスイッチでけせるね！電気《でんき》のとおり道《みち》がないのにけせるのはふしぎダネ！

1階《かい》でスイッチをおすとき

階段《かいだん》のあかりのスイッチには、電気《でんき》のとおり道《みち》を切《き》りかえる機能《きのう》がある。下《した》の階《かい》のスイッチをおすと、電気《でんき》のとおり道《みち》が切《き》りかわって電気《でんき》のとおり道《みち》がつながるため、あかりがつく。

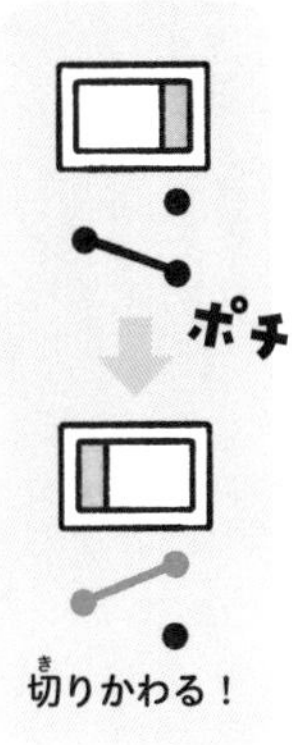

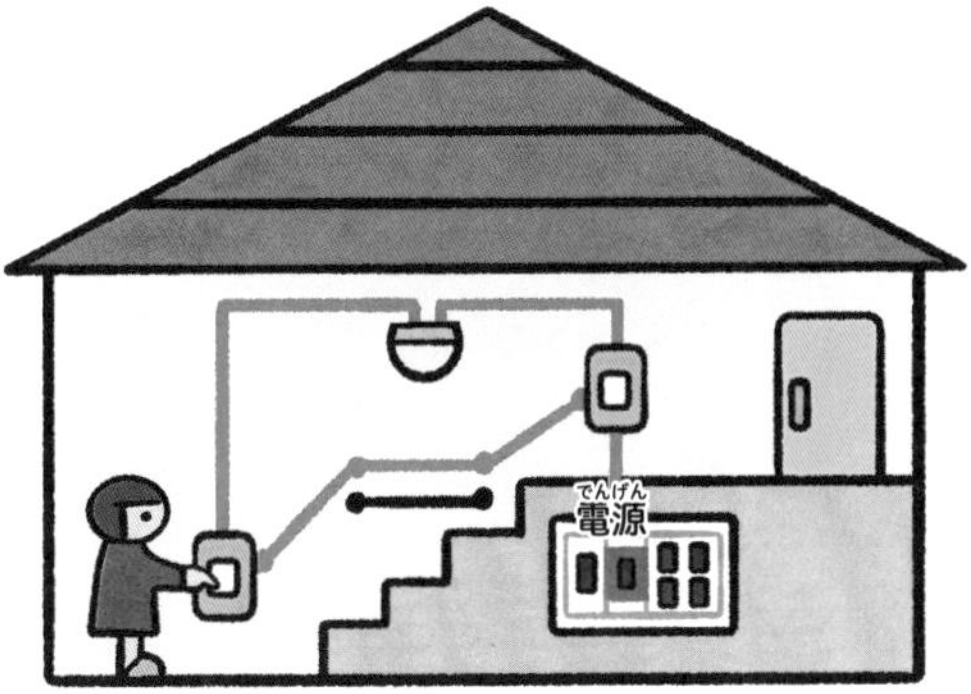

電気《でんき》のとおり道《みち》がつながっている！

2階《かい》でスイッチをおすとき

上《うえ》の階《かい》のスイッチをおすと電気《でんき》のとおり道《みち》が切《き》りかわり、電気《でんき》のとおり道《みち》がつながらなくなるため、あかりがきえる。

電気《でんき》のとおり道《みち》がつながっていない……

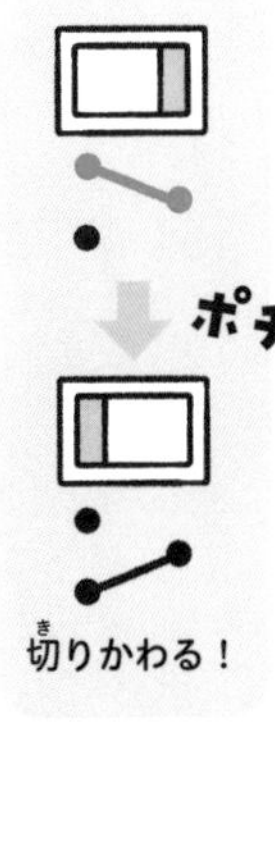

うちゅうじんって　いるの？

ほしおと　うちゅうじん

ほしおは　いま　なつやすみ。
やまおくに　すんで　いる
おじいちゃんの
いえに　とまって　います。
おじいちゃんは　なんじゅうねんも
うちゅうじんの　けんきゅうを　していて、
いえには　おおきな
アンテナが　たって　います。
そこから　うちゅうじんに
メッセージを　おくって　いる　そうです。

クイズ

この　ネジは
なんページに
でてくる
かな？

ある　よる。
いえが　ガタガタと
ゆれはじめ
そとから　**ピカーッ**と
みどりいろの　ひかりが
みえました。
ドカーン！
「なんだ、この　はんのうは！
これは　もしかして！」
おじいちゃんが
きかいを　みて
おどろいて　います。

そとへ　でると
いえの　まえに　おおきな
あなが　あいて　いて
みた　ことも　ない
まるい　のりものと　いきものが
たおれて　いました。
「わたしは　はるか　とおい
ほしから　やって　きました。
あなたが　とばして　いる
でんぱを　たよりに
ここへ　きたのです。」

「ほしの　ちょうさいん　グリです。
せいぶつが　すめる　ほしを
さがして　います。
でも、このとおり、うちゅうせんが
こわれて　しまいました。」
「うちゅうせんは　わしが
なんとか　しよう。
もし　なおったら　うちゅうせんに
のせて　くれないか？」
「ほんとうに　なおるのですか！」
「しんぱいいない、これぐらいなら
だいじょうぶだ。」

おじいちゃんの　しゅうりで
うちゅうせんが　なおりました。
うちゅうふくを　きせて　もらい
ほしおと　おじいちゃんは
うちゅうせんに　のりこみました。
「しゅうりして　くれた　おれいです。
うちゅうを　ひとまわりして　みましょう。
いきますよ！」

うちゅうせんは
あっと　いうまに
そらの　うえ。
ちきゅうを　はなれ
つきを　こえ
すいせい　きんせい　かせい
もくせい　どせいと
ひとっとび。
「わ～　はやい！
はやすぎる！」
「めが　まわる～！」

※ここで紹介している水星、金星、火星、木星、土星の位置や大きさは、実際のものとは異なります。

「さあ、そろそろ　たいように　ちかづきます。」
「あつい！　あつい！　もう　むりです！
グリさん、ちきゅうに　もどらせて！」
「わかりました。ユーターンします。
おねむり　ください。」
ほしおと　おじいちゃんは　ぐっすりと
ねむって　しまいました。

きがつくと　いえの　まえ。うちゅうせんが　おちて　きた
あなの　まんなかに　かがやく　いしが　ありました。
いしから　グリの　こえが　きこえます。

「ほしに　かえって　やさしく
して　くれた　ふたりの
ことを　つたえます。つぎは
わたしの　ほしにも　きて　くださいね。」

「うん！　ぜったいに
グリの　ほしに　いくよ！」
ほしおは　そういって
よぞらの　ほしに　ちかいました。

もっとたのしむヒント

お話をきっかけに、「宇宙に行くにはどうしたらいいと思う？」「火星や水星って、どんなところかな？」など声をかけてみましょう。宇宙への関心が広がるはずです。

クイズのこたえ　34ページ

もっと知《し》りたい!

宇宙人《うちゅうじん》さがしのこと

宇宙人《うちゅうじん》がいるかどうか、まだわかっていません。しかし、地球《ちきゅう》から宇宙《うちゅう》にメッセージをおくったり、宇宙人《うちゅうじん》がすめそうな星《ほし》がないかさがしたりして、研究《けんきゅう》がすすめられています。

宇宙人《うちゅうじん》にむけたメッセージ

宇宙《うちゅう》にメッセージをおくったら、いつごろとどくのかな?

さいしょに宇宙人《うちゅうじん》さがしが行《おこな》われたのは、1961年《ねん》のことです。このときは、宇宙人《うちゅうじん》からのメッセージをうけとろうとしましたが、残念《ざんねん》ながらできませんでした。

そして1970年代《ねんだい》になると、つぎは地球《ちきゅう》から宇《う》宙人《ちゅうじん》にむけてメッセージをおくることも行《おこな》われるようになりました。このメッセージは、いまも宇《う》宙《ちゅう》を旅《たび》していて、いつか宇宙人《うちゅうじん》にとどく日《ひ》がくるかもしれません。

1974年にアレシボ天文《てんもん》台《だい》の電波望遠鏡《でんぱぼうえんきょう》から、電《でん》波《ぱ》をつかって、宇宙人《うちゅうじん》に人間《にんげん》の大《おお》きさなどについてメッセージをおくった。

1961年《ねん》に天文学者《てんもんがくしゃ》・天体物理《てんたいぶつり》学者《がくしゃ》のドレイクが、世界《せかい》ではじめて、グリーンバンク天文台電《てんもんだいでん》波望遠鏡《ぱぼうえんきょう》で宇宙人《うちゅうじん》からのメッセージをうけとろうとした。

世界中《せかいじゅう》の人《ひと》が、家《いえ》のコンピュータをつかって宇宙人《うちゅうじん》をさがす「セチ・アット・ホーム」という研究《けんきゅう》が20年《ねん》以上《いじょう》行《おこな》われていた。

地球《ちきゅう》のような星《ほし》はないの？

生命《せいめい》がいるかもしれない星《ほし》には、水《みず》や空気《くうき》、温度《おんど》など、かんきょうについていくつかの条《じょう》件《けん》があります。また、宇宙《うちゅう》のなかには、地球《ちきゅう》のように生命《せいめい》がくらすことができるかんきょうがある「ハビタブルゾーン」とよばれるはんいがあると考《かんが》えられています。生命《せいめい》が生《い》きられる条件《じょうけん》をそろえた星《ほし》をさがすため、宇宙《うちゅう》探査機《たんさき》や探査車《たんさしゃ》をおくっています。

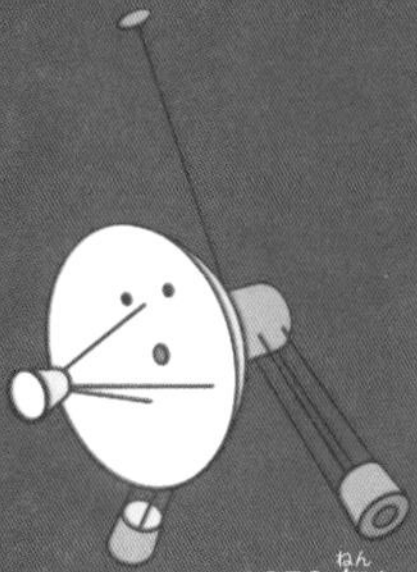

1972年《ねん》に世界初《せかいはつ》の木《もく》星探査機《せいたんさき》として地球《ちきゅう》を旅《たび》だったパイオニア10号《ごう》には、宇宙人《うちゅうじん》へのメッセージものせられていた。

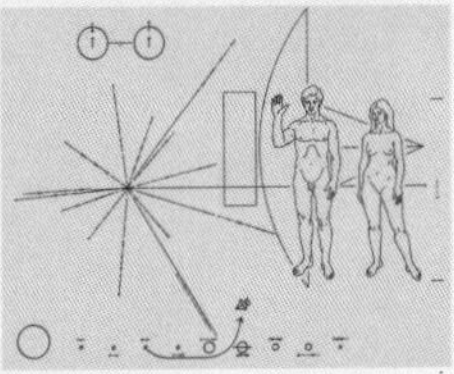

パイオニア号《ごう》につまれたメッセージには、人間《にんげん》の男女《だんじょ》などがえがかれていた。

JUICE《ジュース》（2023年《ねん》）

日本《にほん》もつくるときに参加《さんか》した宇宙探《うちゅうたん》査機《さき》。木星《もくせい》のまわりをまわる氷《こおり》でおおわれた星《ほし》が、生命《せいめい》がすめるかどうかをしらべる。

パーサヴィアランス（2021年《ねん》）

火星《かせい》の探査車《たんさしゃ》。6つの車輪《しゃりん》で地面《じめん》を移動《いどう》して、火星《かせい》に生命《せいめい》がいたかのうせいをしらべる。

親子《おやこ》でチャレンジ

宇宙《うちゅう》のことをまなびに行《い》こう

宇宙航空研究開発機構《うちゅうこうくうけんきゅうかいはつきこう》(JAXA《ジャクサ》)は、日本《にほん》の宇宙研《うちゅうけん》究《きゅう》や開発《かいはつ》の中心《ちゅうしん》となっています。ロケットの展示《てんじ》や研究施設《けんきゅうしせつ》の見学《けんがく》などができる場所《ばしょ》があり、宇宙《うちゅう》についてまなぶのにぴったりです。

DATA JAXA《ジャクサ》 筑波宇宙《つくばうちゅう》センター

〒305-8505 茨城県つくば市千現2-1-1

https://fanfun.jaxa.jp/visit/tsukuba/

写真提供：JUICE → JAXA、パーサヴィアランス、パイオニア号のメッセージ→ NASA

たべもの

まほうの たね

くだものや やさいの なかみは どうなって いるの？

トン スパッ パカッ
トン スパッ パカッ
まみちゃんは まほうつかいから
まほうの ナイフを もらったよ。
「たねが きれいに
ならんで いる。」
「ちいさい たねが あるね。」
「おおきい たねが
ひとつだけ あるよ！」

クイズ

おはなしの なかに
クリは なんこ
でて くるかな？

「たねって　いろいろな
かたちが　あるんだね。」
「そうだよ。そして　このナイフで　きると、
たねに　まほうが　かかるのさ。」
「ふうん。こんなに　たくさん
たねを　あつめて　なにに　つかうの？」
「ふふふ、まだ　ナイショ。」

「ねえねえ、たねの
なかみも　みてみたい！」
「いいよ。ちいさいから
きをつけて　きるんだよ。」
「はーい。わあ
カキの　たねの
なかは　まっしろ。」
「キンカンの　たねは
ばらばらに　なるよ。」
「わあ、モモは　たねの　なかに
また　たねみたいなのが　あるよ。」
「つぎは　クリを　きってみるね。」

すると
なかから
ゾウムシの
ようちゅうが
にゅっ！
「ぎゃっ！」
あわてた
まみちゃん。
ナイフを
おとしちゃった！

そしたら……なんと

ちきゅうも　きれちゃった！
「ち、ちきゅうの　なかって
ものすごく　あついんだ。」

そこに　まほうつかいが　とんで　きて
「まみちゃん、ほうきに　つかまって！」
たねを　まいて
じゅもんを　となえると……

ちちんぷいぷい
たねたね　たーね
めーだせ　のびーろ
たねたね　たーね

あらあら　ふしぎ。
きれた　ちきゅうが　もとどおり。
「やったね！　これが　まほうの
たねなのね！」

ぶじに　おうちに　ついた　まみちゃん。
「まほうの　たねの　たねあかしを
もう　ひとつ。」と
まほうつかいが　かぼちゃの
たねの　クッキーを　だしました。
「まみちゃん　てつだって
くれて　ありがとう。
さあ　たべましょう。」
「まほうの　たねは
おかしにも　なるんだね。
おいしいね。」

もっとたのしむヒント

お話を読んだら、お子さんと一緒に野菜や果物を切って種を探してみてください。見つけた種の形を比べたり、数をかぞえたりしながら、種の違いを楽しみましょう。

クイズのこたえ　7こ

もっと知《し》りたい！

さまざまなタネと実《み》のこと

多《おお》くのくだものややさいを切《き》ると、タネを見《み》つけることができます。タネは、植物《しょくぶつ》がふえるためにかかせないもので、タネのなかには植物《しょくぶつ》をつくるための栄養《えいよう》が入《はい》っています。

そういえば、バナナはタネがなかったタネ。どうやってふえるのかな？
リンゴの木《き》

カキの木《き》

リンゴ

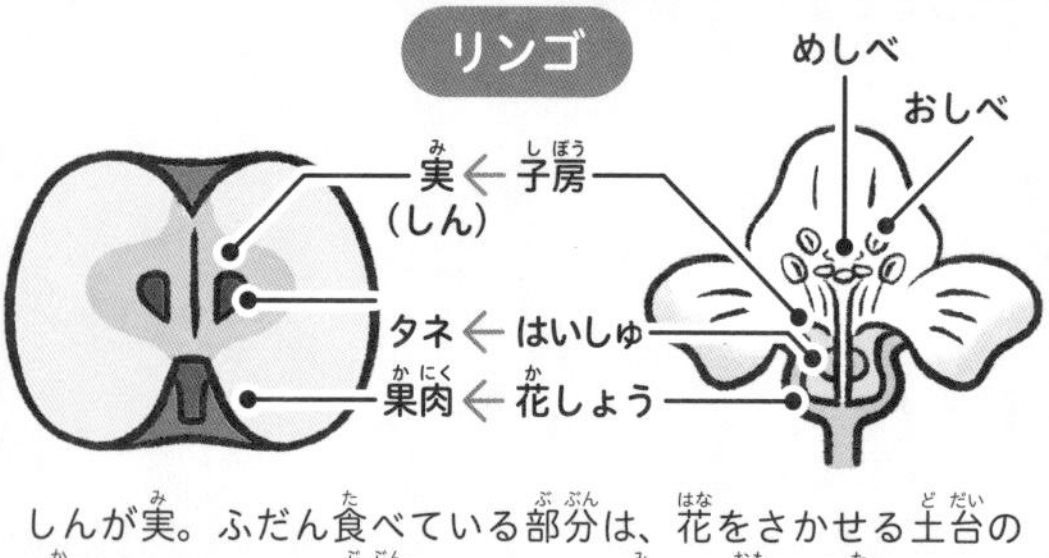
めしべ
おしべ
実《み》 ← 子房《しぼう》
（しん）
タネ ← はいしゅ
果肉《かにく》 ← 花《か》しょう

しんが実《み》。ふだん食《た》べている部分《ぶぶん》は、花《はな》をさかせる土台《どだい》の「花《か》しょう」という部分《ぶぶん》。このように実《み》だと思《おも》って食《た》べている部分《ぶぶん》が実《み》ではないこともある。

カキ

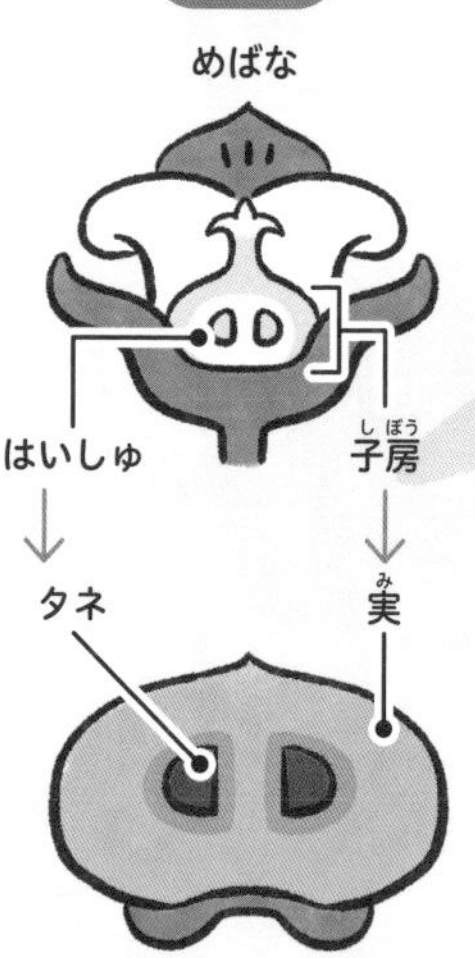
めばな
はいしゅ
子房《しぼう》
タネ
実《み》

多《おお》くの植物《しょくぶつ》の実《み》は、「子房《しぼう》」がそだったもので、種《たね》は「はいしゅ」とよばれる部分《ぶぶん》がそだったもの。

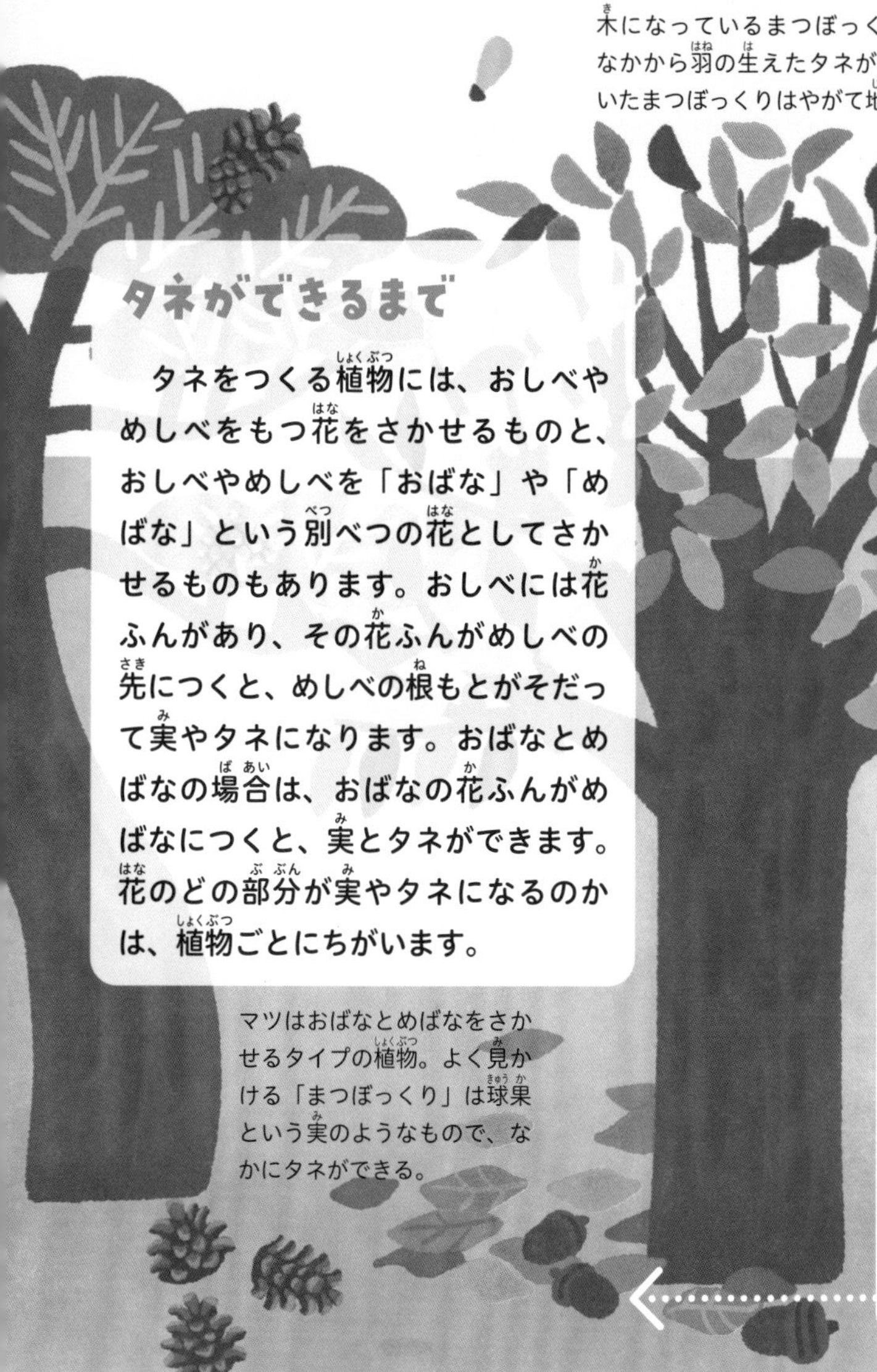

木《き》になっているまつぼっくりが開《ひら》くと、なかから羽《はね》の生《は》えたタネがとび出《で》る。開《ひら》いたまつぼっくりはやがて地面《じめん》に落《お》ちる。

タネができるまで

タネをつくる植物《しょくぶつ》には、おしべやめしべをもつ花《はな》をさかせるものと、おしべやめしべを「おばな」や「めばな」という別《べつ》べつの花《はな》としてさかせるものもあります。おしべには花《か》ふんがあり、その花《か》ふんがめしべの先《さき》につくと、めしべの根《ね》もとがそだって実《み》やタネになります。おばなとめばなの場合《ばあい》は、おばなの花《か》ふんがめばなにつくと、実《み》とタネができます。花《はな》のどの部分《ぶぶん》が実《み》やタネになるのかは、植物《しょくぶつ》ごとにちがいます。

マツはおばなとめばなをさかせるタイプの植物《しょくぶつ》。よく見《み》かける「まつぼっくり」は球果《きゅうか》という実《み》のようなもので、なかにタネができる。

ドングリ

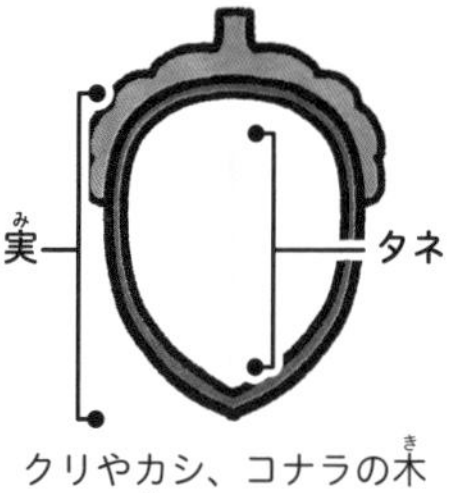

クリやカシ、コナラの木《き》でよく見《み》られるどんぐりは実《み》。かたいからのなかにタネがある。

親子《おやこ》でチャレンジ

タネであそぼう！

家《いえ》やおでかけ先《さき》で見《み》つけたタネで、こんなあそびをしてみましょう。

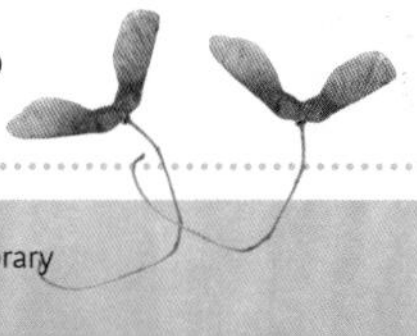
カエデのタネ

❶ 食《た》べのこったタネをそだててみよう

やさいやくだものを切《き》ったときにできたタネをかわかしてから、土《つち》に植《う》えてみましょう。うまくいけば芽《め》が出《で》るかもしれません。

❷ 羽《はね》の生《は》えたタネをさがそう

秋《あき》から冬《ふゆ》のはじめごろ、カエデの木《き》に羽《はね》のついたタネを見《み》つけることができます。見《み》つけたら、タネを上《うえ》から落《お》としてどのようにとんでいくか見《み》てみましょう。

写真提供：photolibrary

これな〜んだ？

ヒント❶
つつの　さきが
ぐるぐる
まわるよ！

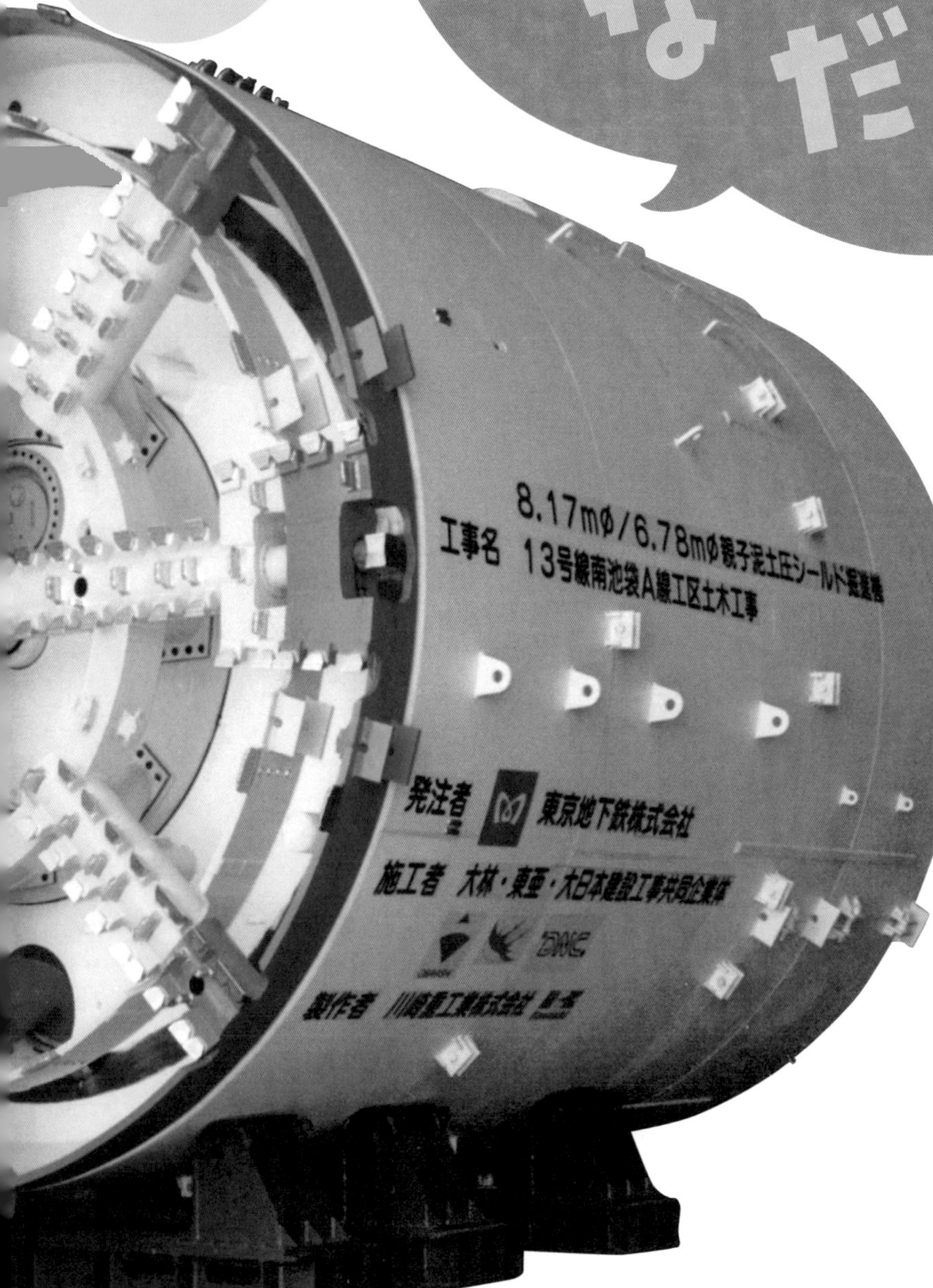

おおきな
つつダネ〜！
はも　たくさん！
なにを　する
きかいなのかな？

ヒント2

ギザギザの
はが　ついて
いるよ！

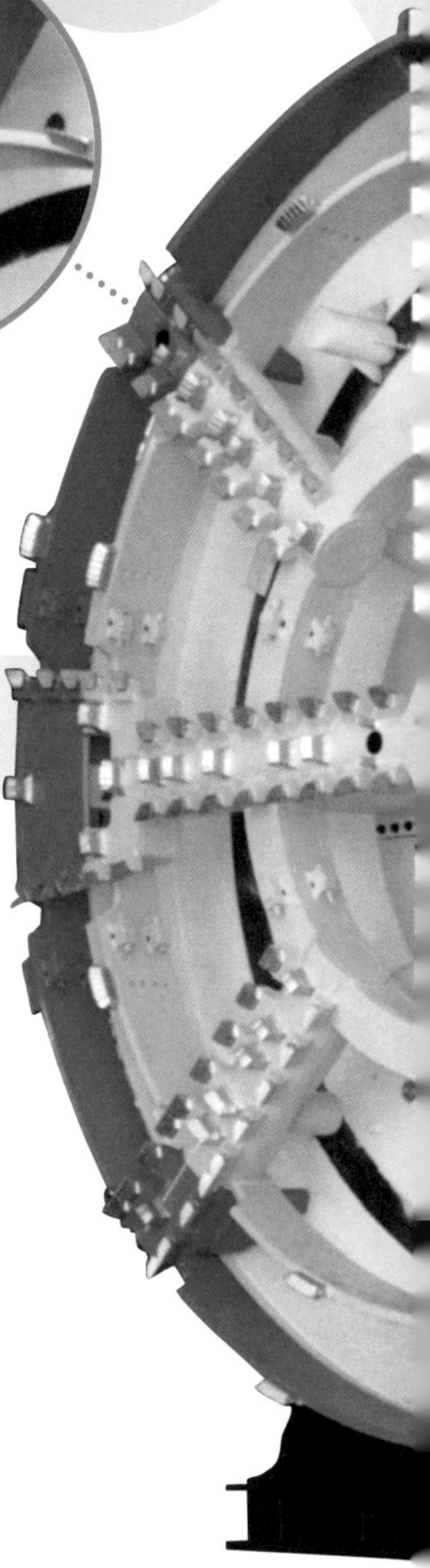

ほかにもこんなものがあるよ

2つの　つつが　くみあわさった　ような
かたちを　している　ものも　あるんだ。

もっとたのしむヒント

「大きいものをつくるのかな？」「家に似た形のものはあるかな？」などお子さんと一緒に話してみましょう。

クイズのこたえ　ちかてつの　トンネルを　つくる
シールドマシン

写真提供：地中空間開発株式会社

ちかてつは　どうやって　つくったの？

ここほれ　モグッチ
ちかてつ　ゴー！

ある　ひの　ことです。
モグッチが　のんびり
おひるねをして　いたら、　とつぜん、
あたりが　ゆれだしました。
グワン　グワン　グワン　グワン
おおきな　おとと　いっしょに
おちて　きたのは、
みた　ことも　ない　はしらです。

クイズ
おはなしに
でて　くる
ショベルカーは
なんだい？

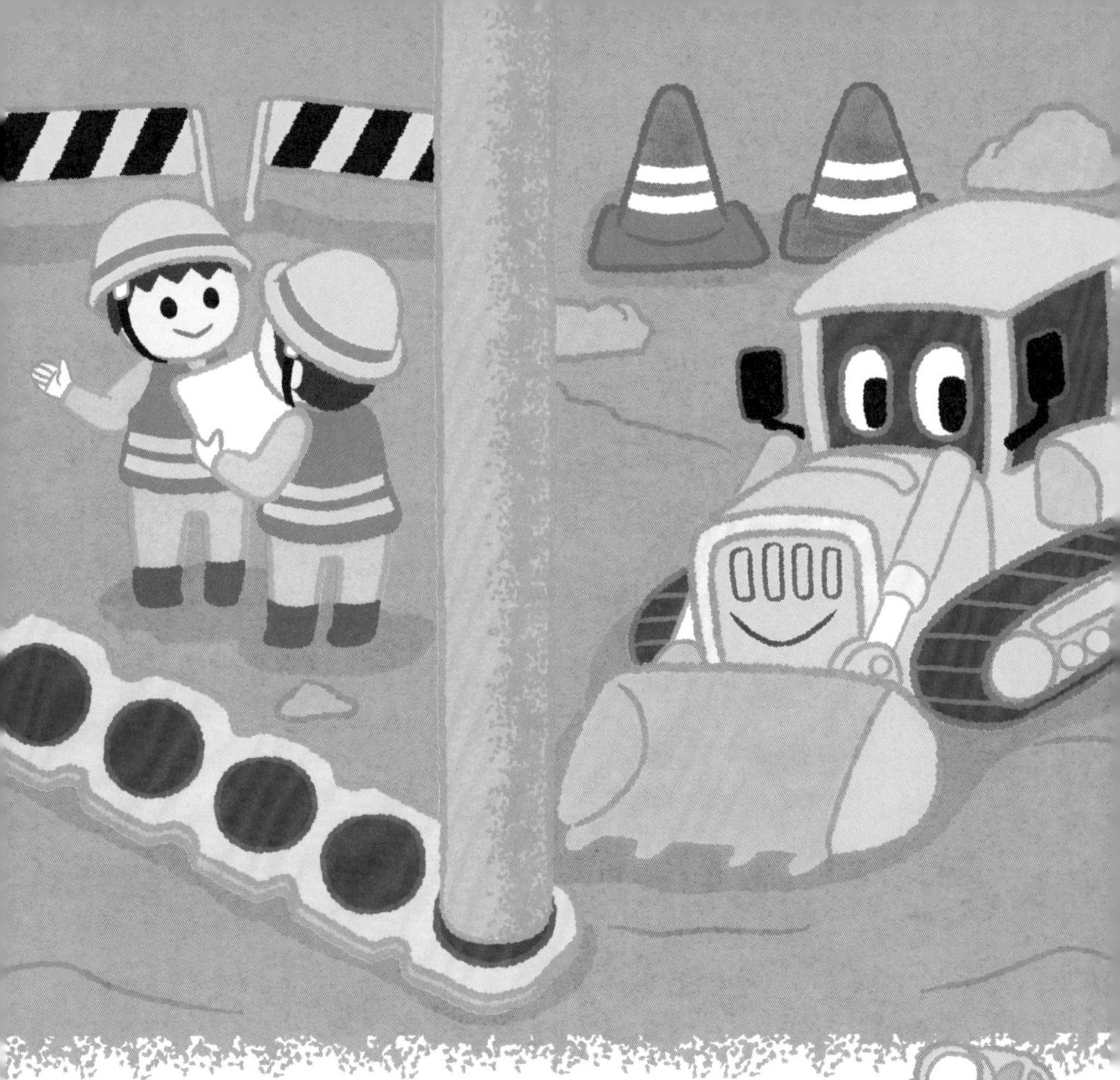

「うわー　なんだ！」
モグッチが　ちじょうに
かおを　だすと、
ショベルカーの　ショーくんが、
つちを　ほって、おおきな
はしらを　うちこんで　いました。
「これから、ちかてつの
トンネルを　ほるんだよ。」
ショーくんが　おしえて
くれました。

「それは　すごいなあ。ほると　いえば、
ぼくも　だいとくい。おてつだいしようっと。」
モグッチは　はりきりましたが、
ショーくんが　ほりすすめるのを　みて、
またまた　びっくり！

つちを　ほりおえたら、
さぎょうの　ひとたちが、　てつの　はしらを
くんで　トンネルの　かたを
つくります。

どんどん　コンクリートを
ながしこんで　います。　ちかに
だんだんと　くうかんが
つくられて　いきます。

しかも　おどろいたのは、それだけでは　ありません。
「ちかてつは、もっと　ふかい　ところにも　つくるんだよ。」
ショーくんと　バトンタッチを　したのは
さきっちょに　ギザギザの「は」が
びっしりと　ついた　シールドマシンの
シーくんです。

「ぼくは、どこでも
ほれるんだもんね。」
じまんする　シーくんに、
モグッチも　まけては
いられません。

「よーし、ぼくも、
ほるぞ、ほるぞ。」
シーくんと　モグッチの
きょうそうが　はじまりました。
シーくんは、ちかを
ぐいぐい　すすんで　いきます。
かたい　いわも　なんの　その。
ものすごい　パワーです。
「シーくん、まって。」
モグッチも　ひっしに
ほること　ほること。

ふたりが　がんばった
おかげで、
ついに　トンネルが
かんせいしました。
「やったね、シーくん！」
「モグッチ　ありがとう！」
みごとに　しごとを
おえて、シーくんは
かえって　いきました。
そのあとは、レールや
えきなどの　じゅんびが
すすめられて　いきました。

そして、いよいよ　ちかてつの
ちかちゃんが　はいって　きました。
さっそく　ちかちゃんに　のりこむと、
モグッチは　こえを　あげました。
「トンネル　すすめ。
しゅっぱつ　しんこう！」

もっとたのしむヒント

お話の中では、地下鉄のトンネルができて走るまでを簡単にまとめています。実際には、長い年月をかけてつくられているので、本や図鑑などでつくられた期間やつくり方のくわしい順序を調べてみると、より理解が深まります。

クイズのこたえ　2だい

もっと知《し》りたい!

地下鉄《ちかてつ》づくりのこと

地下鉄《ちかてつ》が走《はし》るトンネルのつくり方《かた》には、お話《はなし》に出《で》てきたように、上《うえ》から地面《じめん》をほり、トンネルを組《く》み立《た》ててから土《つち》をもどす「開《かい》さく工法《こうほう》」と、シールドマシンというとくべつな機械《きかい》でつくる「シールド工法《こうほう》」があります。

地下鉄《ちかてつ》が走《はし》るまで

地下鉄《ちかてつ》のトンネルは、トンネルをどこにとおすかによってつくり方《かた》がかわります。たとえば、工事《こうじ》の車《くるま》がとおれる広《ひろ》い道路《どうろ》のある場所《ばしょ》ならば開《かい》さく工法《こうほう》、広《ひろ》い道路《どうろ》がない場所《ばしょ》ではシールド工法《こうほう》でトンネルをつくります。

開《かい》さく工法《こうほう》

ガス管《かん》

❶土《つち》がくずれてこないようにかべをつくる。地下《ちか》にあるガス管《かん》などをこわさないよう、まもりながらほる。

❷鉄《てつ》きんと板《いた》でトンネルの型《かた》わくをつくり、アスファルトをながしこむ。

❸地上《ちじょう》につながるあなからレールを入《い》れる。土《つち》をうめもどす。

シールド工法《こうほう》

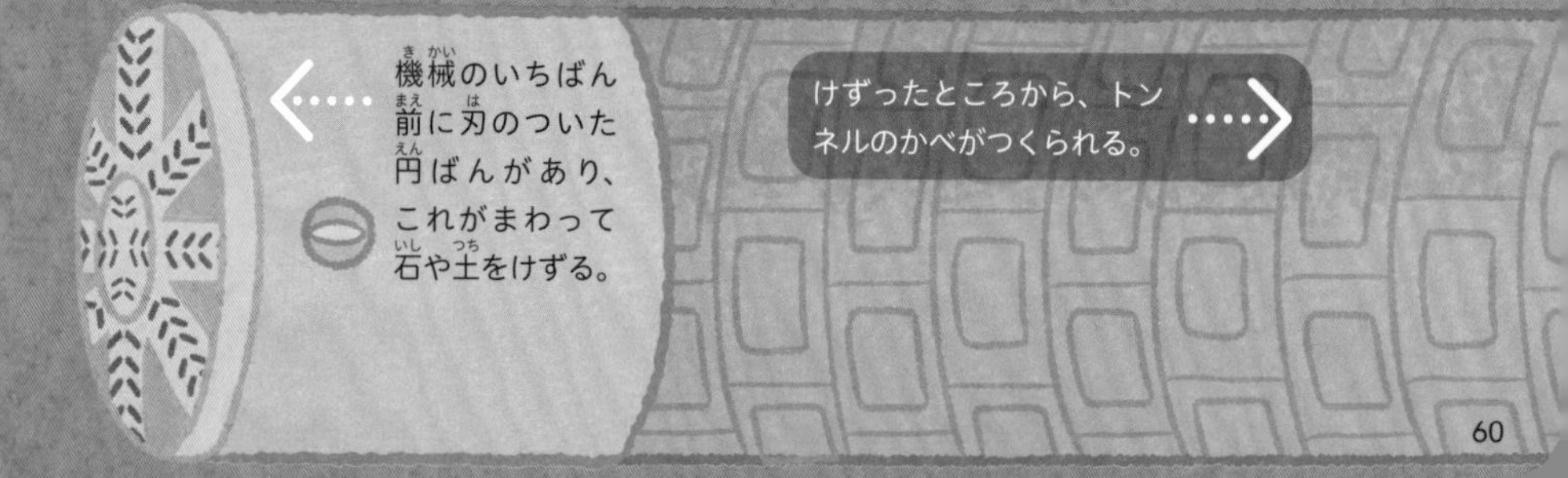

機械《きかい》のいちばん前《まえ》に刃《は》のついた円《えん》ばんがあり、これがまわって石《いし》や土《つち》をけずる。
けずったところから、トンネルのかべがつくられる。

親子《おやこ》でチャレンジ

地下鉄博物館《ちかてつはくぶつかん》に行《い》ってみよう

東京都江戸川区《とうきょうとえどがわく》に、地下鉄《ちかてつ》の技術《ぎじゅつ》や歴史《れきし》をまなぶことができる地下鉄博物《ちかてつはくぶつ》館《かん》があります。

写真提供：地下鉄博物館

DATA 地下鉄博物館《ちかてつはくぶつかん》

〒134-0084 東京都江戸川区東葛西 6-3-1

https://www.chikahaku.jp/

道《みち》の下《した》ではなく、川《かわ》の下《した》に地下鉄《ちかてつ》をとおしたいときはどうするのかな？

車庫《しゃこ》

地下鉄《ちかてつ》のどこかの出口《でぐち》は、地上《ちじょう》の車庫《しゃこ》につながっている。新《あたら》しい地下鉄車両《ちかてつしゃりょう》も、車庫《しゃこ》から入《はい》ってくることが多《おお》い。

総合指令所《そうごうしれいじょ》※

地下鉄《ちかてつ》が安全《あんぜん》に走《はし》れるように、地上《ちじょう》にある総合指令所《そうごうしれいじょ》で見《み》まもっている。

駅《えき》でトラブルがあったので、つぎの駅《えき》でまっていてください！
はい、少《すこ》し停車《ていしゃ》します。
パンタグラフ

地下鉄《ちかてつ》や地上《ちじょう》を走《はし》る電車《でんしゃ》は、電気《でんき》でうごく。地下鉄《ちかてつ》の場合《ばあい》、パンタグラフとよばれるものから電気《でんき》をとりいれる※。

※ここで紹介する施設名は鉄道会社によって異なります。また、一部の地下鉄はサードレールという部分から電気をとりいれて走ります。

うんちや　おしっこを　がまんしても　だいじょうぶ？
ピンチ！　おなかガードマン

クイズ

おはなしに
でてくる　うんちは
ぜんぶで　なんこ？

やあ　みんな。
ぼくは　うんちガードマン！

わたしは
おしっこガードマン！
ふたり　あわせて
おなかガードマン！

うんちさんや
おしっこさんは
からだの　そとに
むかって
おなかの　なかを
すすんで　いくんだ。

ぼくらは　きのちゃんの
おなかの　なかで
からだの　そとに　むかう
でぐちの　とびらを
しめて　いるんだよ。

でも、　きょうは　きのちゃんが　なかなか
トイレに　いって　くれないから
おなかの　なかは　ぎゅうぎゅうだ。

おしりに　むかう　みちは
うんちさんたちで
だいじゅうたい。

おしっこが　でる　でぐちに
むかう　おへやは
おしっこさんたちで　だいこんざつ。
でぐちの　とびらを　がんばって
とじて　いた　ぼくら。

ふうふう、　はあはあ。
ブルブル　ふるえて
ふんばって　いたけど、
つぎから　つぎへと　うんちさんや
おしっこさんたちが　やって　くる。

おしりに　むかう　みちでは
「はやく　だして！」と　うんちさんたち。
おしっこさんたちは
おへやの　なかで　まんぱい！
いまにも　はちきれそう。
ぼくたちは　あわてて　コントロールセンターの
のうさんに　でんわ。

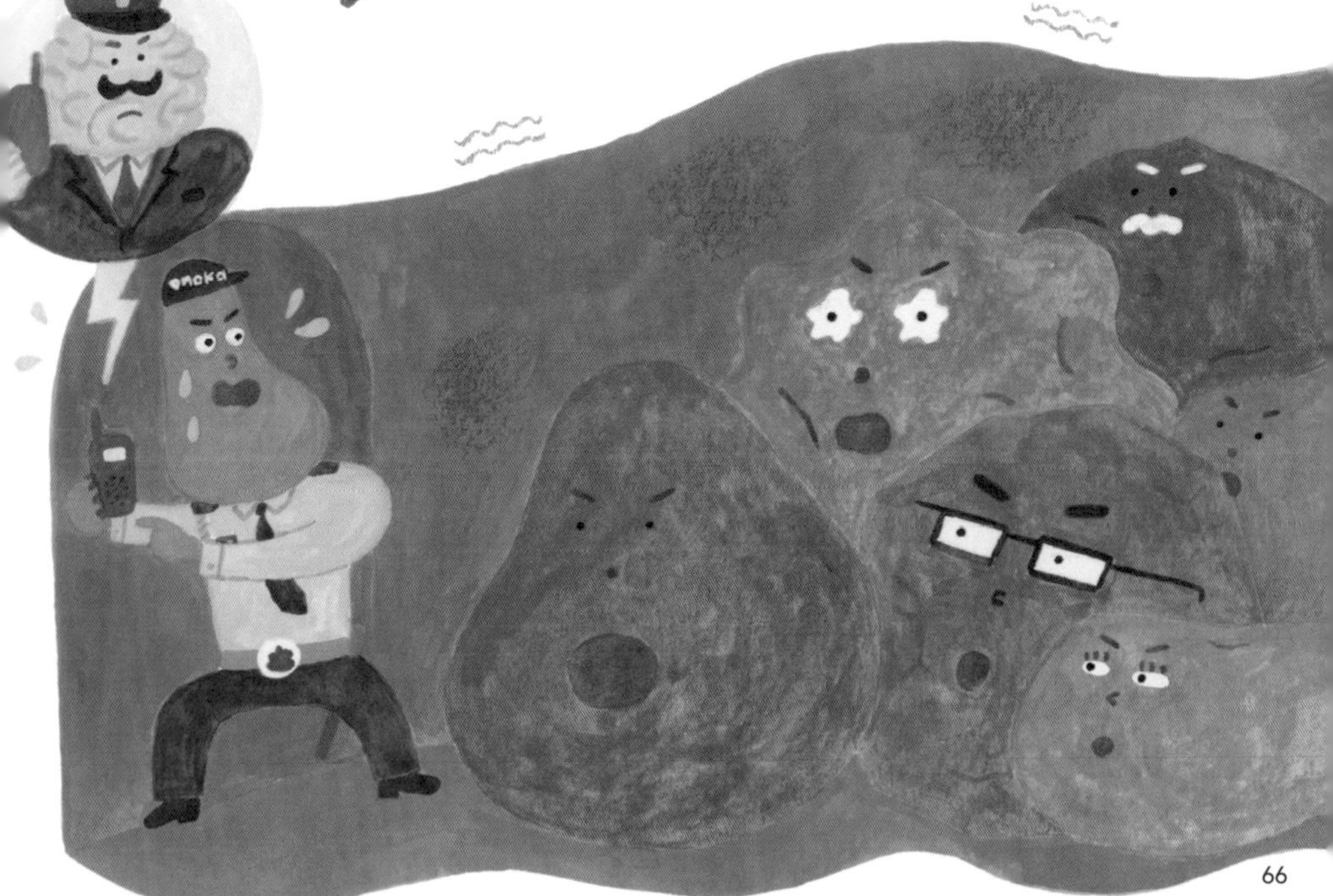

「このままだと　おなかが
こわれます！」
「あけて　いいよ。」のうさんの
あいずで　とびらを　あけると、
みんなが　でぐちに　まっしぐら。
だして　すっきり！
きもちが　いいね。

もっとたのしむヒント

学校の授業など集中しているとき、うんちやおしっこを我慢してしまうことがあるかもしれません。お話をきっかけに、我慢は体によくないのはどうしてか感じとれるといいですね。

クイズのこたえ 20こ

もっと知《し》りたい！

うんちとおしっこのこと

食《た》べたものやのんだものの栄養《えいよう》や水分《すいぶん》がからだにとりこまれて、のこったものはうんちやおしっこになります。うんちやおしっこをがまんすると、からだのなかにたまってよくありません。

うんちができるまで

人間《にんげん》は生《い》きるために食《た》べものやのみものから栄養《えいよう》や水分《すいぶん》をとりこみ、エネルギーにしています。食《た》べたものは歯《は》や胃《い》などで小《ちい》さくされたあと、小腸《しょうちょう》や大腸《だいちょう》でからだのなかにとりこまれます。栄養《えいよう》も水分《すいぶん》もなくなったのこりはうんちとしてからだの外《そと》へ出《だ》されます。

うんち のんびりツアー

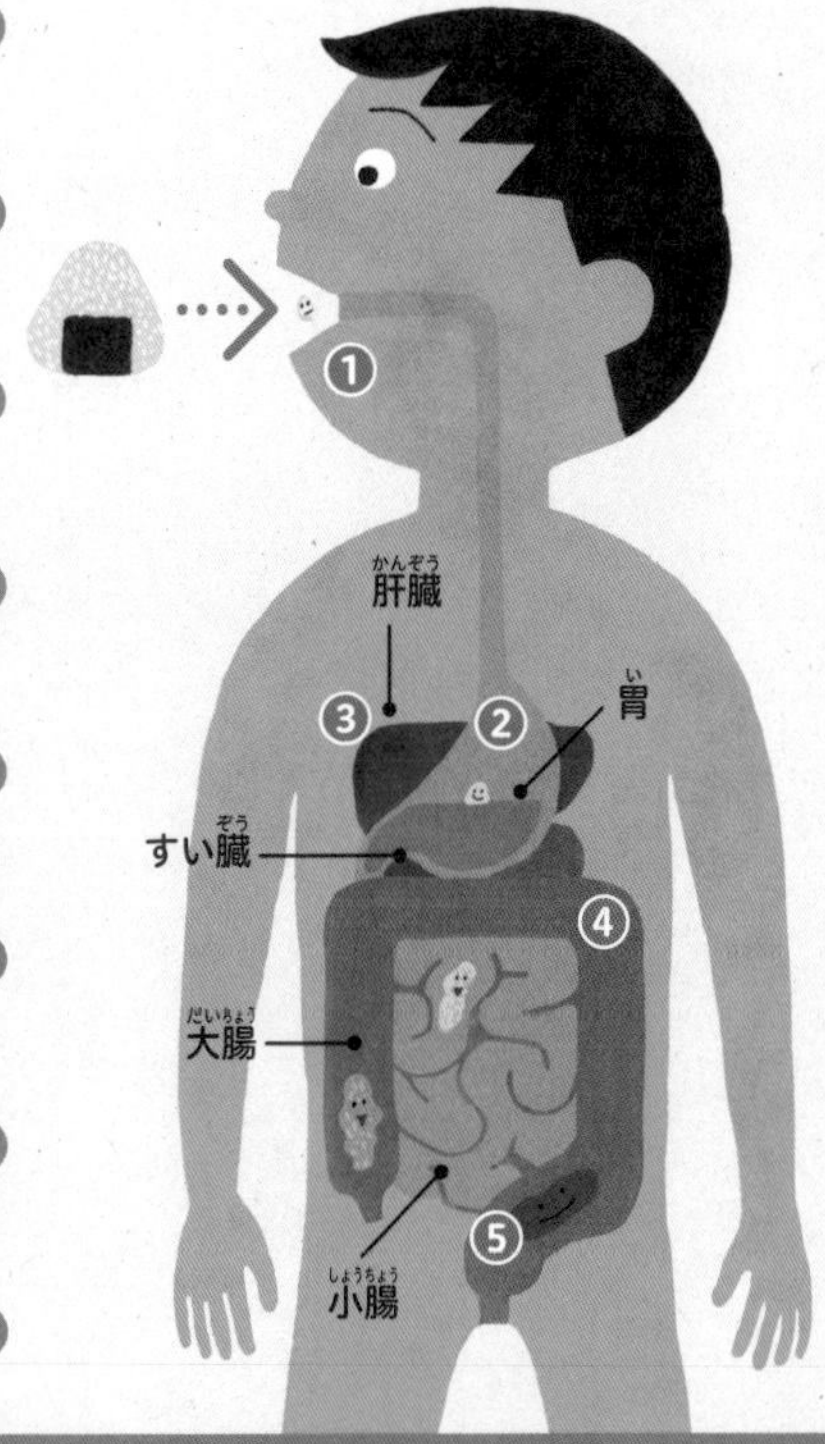

❶ 朝《あさ》8時《じ》

旅《たび》のはじまりは口《くち》。食《た》べたものが歯《は》ですりつぶされる。

❷ 朝《あさ》8～11時《じ》

胃《い》のなかの液体《えきたい》（胃液《いえき》）で小《ちい》さくなる。

❸ 朝《あさ》11時《じ》～

肝臓《かんぞう》やすい臓《ぞう》から出《で》る液体《えきたい》をあびて小《しょう》腸《ちょう》へ。

❹ 朝《あさ》11時《じ》～夜《よる》7時《じ》

食《た》べたものの栄養《えいよう》は、小腸《しょうちょう》からからだのなかへ。

❺ 夜《よる》7時《じ》～つぎの日《ひ》の朝《あさ》8時半《じはん》

食《た》べたものの水分《すいぶん》は、大腸《だいちょう》からからだへとりこまれ、うんちとして外《そと》へ。

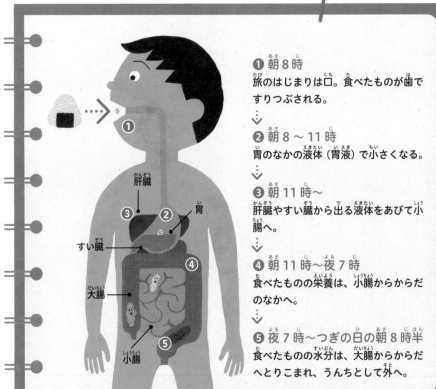

おしっこができるまで

　小腸《しょうちょう》でとりこまれた栄養《えいよう》や水分《すいぶん》は、からだ中《じゅう》をめぐる血液《けつえき》をとおして、全身《ぜんしん》へおくられエネルギーになります。また、血液中《けつえきちゅう》にはからだにとって必要《ひつよう》なものと必要《ひつよう》でないものがながれています。じん臓《ぞう》は必要《ひつよう》ではないものを分《わ》けて、そこからおしっこをつくります。できたおしっこは、ぼうこうにためられてから、からだの外《そと》へ出《だ》されます。

おしっこ
だんがんツアー

❶ 朝《あさ》8時《じ》
旅《たび》のはじまりは口《くち》。のんだものの水分《すいぶん》は小腸《しょうちょう》、大腸《だいちょう》をとおしてからだにとりこまれる。

❷ 朝《あさ》8時《じ》〜11時《じ》
じん臓《ぞう》でおしっこがつくられる。

❸ 朝《あさ》11時《じ》〜昼2時《じ》
つくられたおしっこはぼうこうへ。たまってパンパンになったら、おしっことして外《そと》へ。

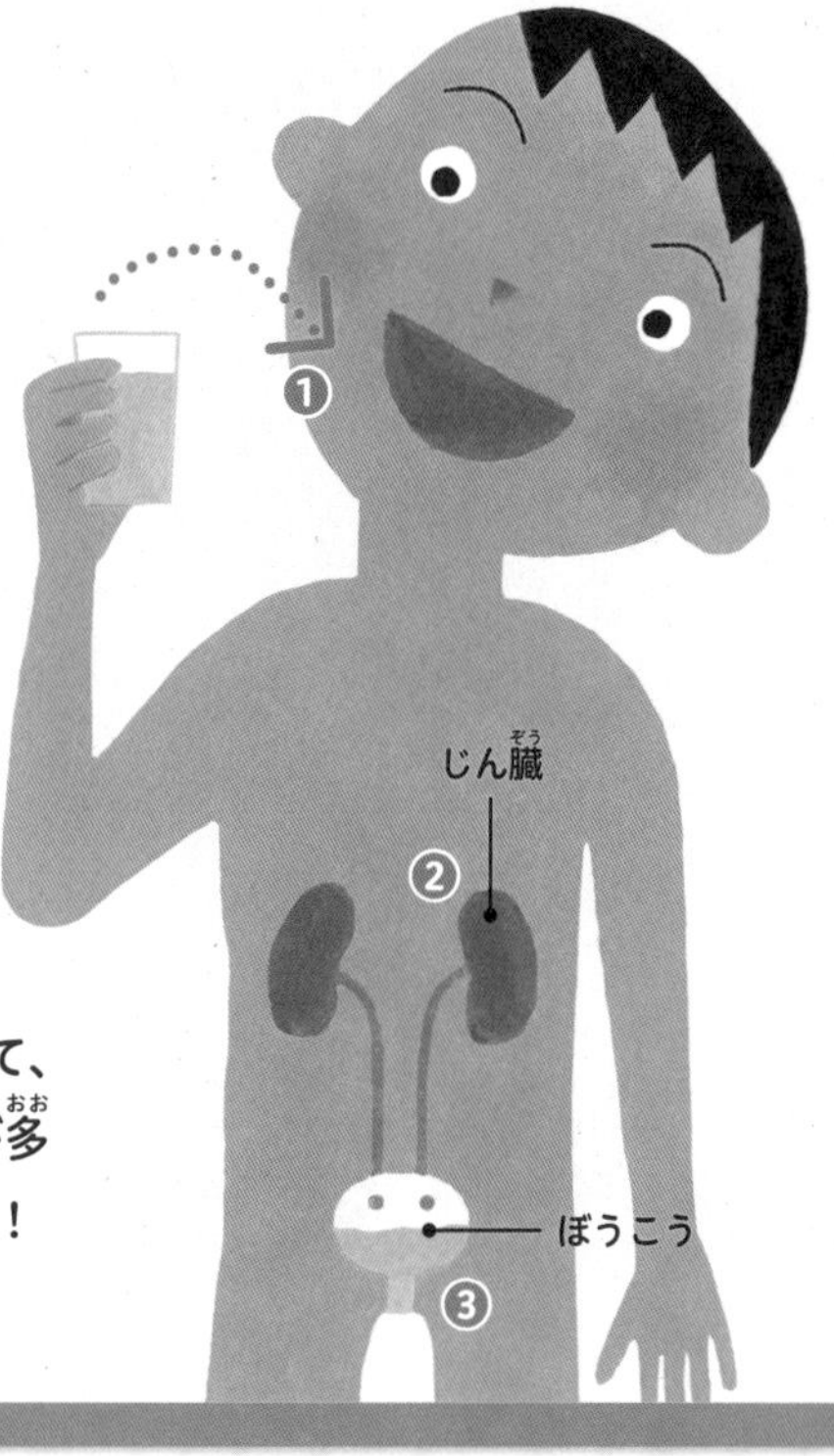

おしっこは黄色《きいろ》くて、うんちは茶色《ちゃいろ》なのが多《おお》いね！　ふしぎダネ！

おしっこガードマンは、ぼうこうの出口《でぐち》のあたりにあるきん肉《にく》だよ！

うんちガードマンは、大腸《だいちょう》の出口《でぐち》のあたりにあるきん肉《にく》だよ！

ミミズは からだが きれても いきられるのは なぜ？

せかい さいきょうの ミミズ

「おれが せかい
さいきょうの いきものだ！
もっと つよい あいては
いないのか！」と じしん
まんまんに たびを している
ライオンが いました。

クイズ

ミミズは
なんびきに
ぶんしん
したかな？

あるひ　おしゃべりな
カラスの　こえが
きこえて　きました。
「せかいで　いちばん
つよいのは　ヤマトヒメミミズ
っていう　ミミズ　なんだってよ。」
「おい、なんだって！
その　はなし　くわしく
おしえろ！　その　つよい
ミミズは　どこに
いるんだ？」

ライオンは
ミミズの
いばしょを　きいて
いそいで　でかけて
いきました。

うわさの　ヤマトヒメミミズを　みつけた　ライオンは
その　あまりの　ちいささに　おおわらい。
「ハハハッ！　おまえが　せかい　さいきょうだって？
まあ、いい。しょうぶして　やろう。」

たたかいが　はじまりました。
ミミズは　すばやく　つちに　もぐりこみます。
「こら！　でてこい！」ライオンが
ひっぱりだそうと　しても　あなの　なかで
ぷく～っと　ふくれて　でて　きません。

やっとの　ことで
あなから　ひっぱりだすと……。
「ぶんしんの　じゅつ～。」
なんと　ミミズは　じぶんの　からだを
10こに　きりさきました。
「なんじゃ、これ～！」

ミミズは
なんども　なんども
ぶんしんの　じゅつで
ふえて　いきます。
「ライオンくん、わたしは
なんどでも　よみがえって
ふえて　いく。
きりが　ないぞ。
それでも　たたかいを
つづける　つもりか？」
へとへとに　なった
ライオンは　ついに
こうさんして
しまいました。

「わたしは　だいちの
つちを　いい　つちに　かえる
ために　まいにち　つちを
たがやして　いる。
きみの　つめは
するどくて　つよい。
その　ちからを
みんなの　ために
つかって　みないか？」
それから　ライオンは
ちからじまんを　やめて
ミミズと　いっしょに
はたけを　たがやし
まじめに　はたらいて
いるそうです。

もっとたのしむヒント

多くのミミズは、からだが切れると頭のある部分だけが再生して、しっぽのある部分は再生しません。しかし、ヤマトヒメミミズはからだが切れたとき、どちらも再生するめずらしいミミズです。

クイズのこたえ　10ぴき

もっと知《し》りたい!

いきもののすごい能力《のうりょく》のこと

きずついても元《もと》にもどれるミミズの能力《のうりょく》のように、人間《にんげん》にはないすごい能力《のうりょく》をもついきものがいます。なかには、すぐれた能力《のうりょく》をつかってきびしい場所《ばしょ》でくらすものもいます。どんな能力《のうりょく》があるのか見《み》てみましょう。

きびしいかんきょうでくらすいきもの

人間《にんげん》がくらすにはとてもきびしいかんきょうには、高《たか》い山《やま》、砂《さ》ばく、とてもさむいところ、深海《しんかい》などがあります。このような場所《ばしょ》にくらすいきものは、からだの形《かたち》や性質《せいしつ》、習性《しゅうせい》をつかい生《い》きぬいています。

高《たか》い山《やま》

山《やま》の高《たか》いところは、からだをうごかす元《もと》となる酸素《さんそ》が少《すく》ない。

アネハヅル

肺《はい》にそなわっている鳥《とり》ならではの「気《き》のう」のほかに、とくべつな血液《けつえき》の成分《せいぶん》のおかげで、ほかのいきものより酸素《さんそ》をとりいれ長《なが》くとべる。

砂《さ》ばく

雨《あめ》が少《すく》なく、乾《かん》そうしていてとてもあつい。

ヒメユビトビネズミ

アフリカの砂《さ》ばくにすむ。足《あし》のうらに長《なが》い毛《け》が生《は》えていて、あつい砂《すな》の上《うえ》でも歩《ある》きやすい。

モロクトカゲ

オーストラリアの砂《さ》ばくにすむ。からだじゅうの皮《ふ》ふにある小《ちい》さなみぞが、口《くち》につながっている。そのため、からだについた水《すい》てきが、みぞをつたって口《くち》にあつまる。

とてもさむいところ

北極《ほっきょく》や南極《なんきょく》とよばれるところは気温《きおん》がひくく、海《うみ》の水温《すいおん》は０度《ど》を下《した》まわることもある。

ゾウアザラシ

からだに脂肪《しぼう》がたくわえられていて、体温《たいおん》が下《さ》がりにくい。

コオリウオ

血液《けつえき》のなかに、からだをこおりにくくする物質《ぶっしつ》がある。

深海《しんかい》

水《すい》あつという強《つよ》い力《ちから》がかかっている深海《しんかい》では、陸《りく》やあさい海《うみ》でくらすいきものはつぶれてしまう。

ダイオウグソクムシ

水《すい》あつにも負《ま》けないくらい、数《すう》十《じゅう》まいのがんじょうなからでおおわれている。

小《ちい》さいのでけんびきょうでしか見《み》れないよ！

小《ちい》さいのにすごいんダネ！

どんなきびしい場所《ばしょ》でも

クマムシ

くらすことがきびしい状況《じょうきょう》になると仮死状態《かしじょうたい》になり、熱《ねつ》やさむさなどにたえる力《ちから》が強《つよ》くなる。ムシと名前《なまえ》に入《はい》っていても昆虫《こんちゅう》ではなく、かんぽ動物《どうぶつ》とよばれるいきもの。

てんき

ぐるぐる まわるよ みずの たび

みずたまりの みずは どこに きえるの？

ざあざあ あめが ふりました。
ふった あとには、みずたまり。
みずの つぶの ミーちゃんと ズーくんが
「これから どこへ いこうかな。」
と おしゃべりして いると……。
「わたしは たいよう。ミーちゃん、
そらの たびへ いきましょう。」

「ぼくは ツッチー。

ズーくん、つちの たびへ
いきましょう。」

「わーい！」

「わーい！」

クイズ

この みずの
つぶは
なんページに
いるかな？

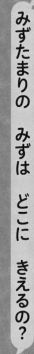

「うえへ　まいりまーす。」
たいようが　てを　ふりました。
ミーちゃんは　ふわふわと　のぼって、
「なんだか　きもちよく　なって　きた。」
と、うとうとと　ねむって　しまいました。
「こんどは　さむいわ。」
めを　さますと、なんと　こおりの　つぶに
なって　いました。たいようが　いいました。
「もうすぐ　みなさんは　あめに　なったり、
ゆきに　なったり　しますよ。」

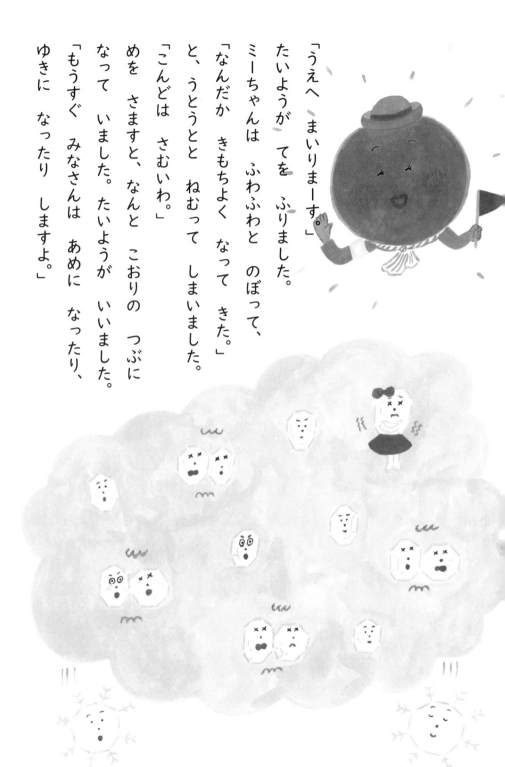

そのころ　つちの　なかでは……。
「したへ　まいりまーす。」
と、ツッチーが　いいました。
ズーくんは　つちに　どんどん
しみこんで　いきます。
「ここは　はやいぞ。シューッ。」
「うーん、この　みちは　ほそくて
なかなか　すすまないぞ。」
じめんの　したは、いわばや　ねんどの　ような
つちが　かさなって　います。

ツッチーが　いいました。
「この　あと　みなさんは
つちから　しみでて
きれいな　みずに　うまれかわって、
かわや　みずうみに　なりますよ。」

それから　しばらくして……。
「ズーくん、こんにちは。
わたし、ミーだよ。そらの　たびに　でて
あめに　なったのよ！　たのしかった。」
「やあ、ミーちゃん。
やっと　あえたね。ぼくは　つちの　たびに　でて
かわに　なったんだよ。おもしろかったなあ。」

みずの　ぐるぐる　たび。
つぎは　どこを　たびするのかな。

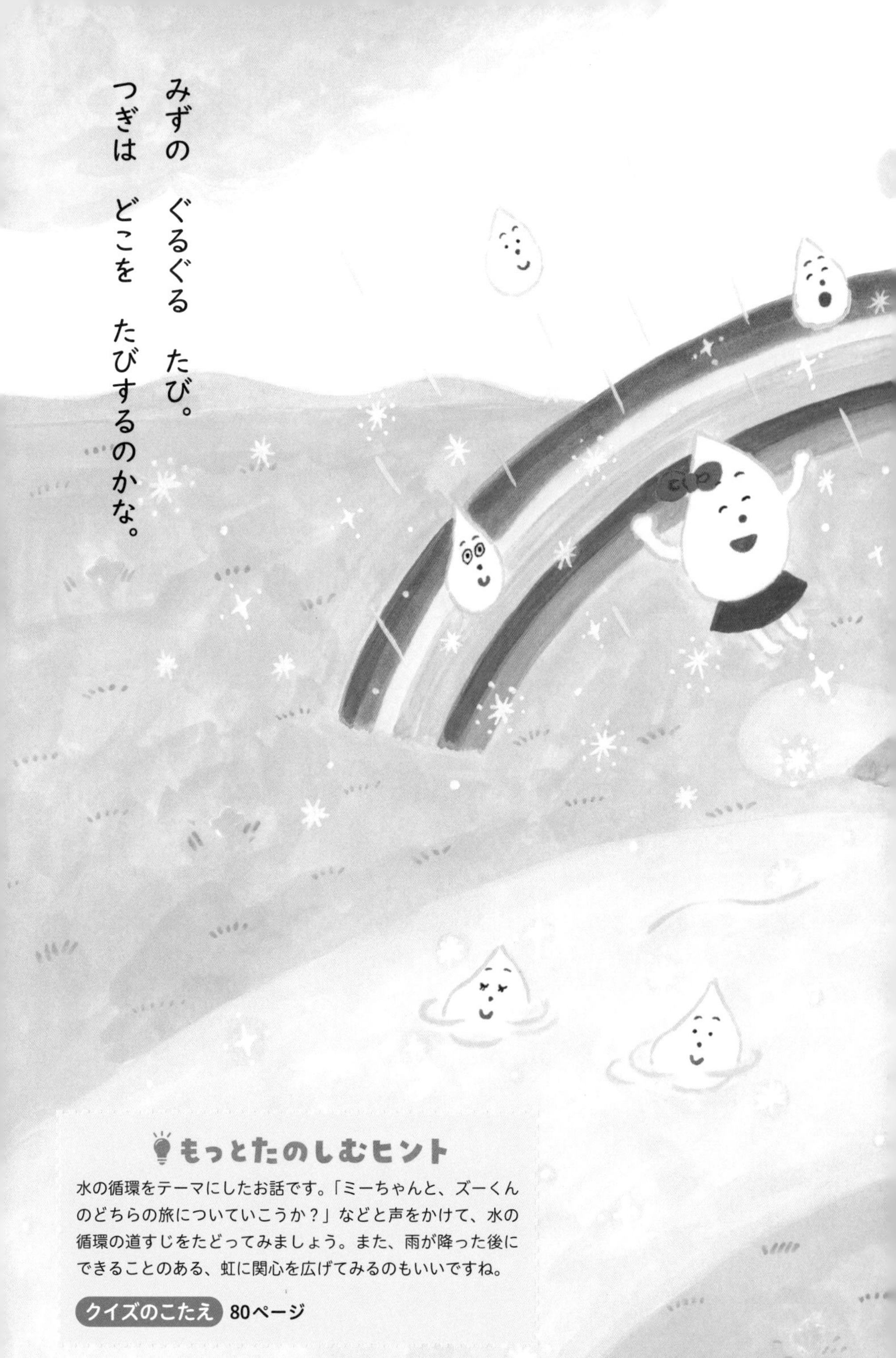

もっとたのしむヒント

水の循環をテーマにしたお話です。「ミーちゃんと、ズーくんのどちらの旅についていこうか？」などと声をかけて、水の循環の道すじをたどってみましょう。また、雨が降った後にできることのある、虹に関心を広げてみるのもいいですね。

クイズのこたえ　80ページ

もっと知《し》りたい！

めぐる水《みず》のこと

水《みず》たまりの水《みず》は、空《そら》からふってきた雨水《あまみず》です。水《みず》たまりの水《みず》はきえてしまったように思《おも》いますが、じつはきえていません。すがたをかえながら地《ち》球上《きゅうじょう》のさまざまな場所《ばしょ》をめぐって旅《たび》しているのです。

三《みっ》つのすがたでめぐっている水《みず》

水《みず》は、あたためたり、ひやしたりすることで、「水《みず》」、「水《すい》じょう気《き》」、「氷《こおり》」の三《みっ》つのすがたにかわります。水《みず》は、この三《みっ》つにすがたをかえながら、大地《だいち》や海《うみ》、空《そら》のあいだをめぐっています。

雨《あめ》や雪《ゆき》になって地上《ちじょう》へ
重《おも》くて上《うえ》にういていられなくなった氷《こおり》のつぶは、ふたたび雨《あめ》や雪《ゆき》となって、地上《ちじょう》にふる。
氷《こおり》や雪《ゆき》として、とけて水《みず》にならずに陸地《りくち》にのこる場合《ばあい》もある。
山《やま》
地下《ちか》にしみこんだ水《みず》は川《かわ》・湖《みずうみ》・海《うみ》へ
雨水《あまみず》は地下《ちか》にしみこんで地下水《ちかすい》となり、川《かわ》や湖《みずうみ》、海《うみ》にわきだす。
水《みず》はとうめいダネ！でも雲《くも》になると白《しろ》く見《み》えるのはふしぎダネ！

かぎりある水《みず》

地球《ちきゅう》には水《みず》がたくさんあるように見《み》えますが、その多《おお》くが海水《かいすい》でそのままではつかえません。地球上《ちきゅうじょう》で人間《にんげん》がつかえる水《みず》は川《かわ》や湖《みずうみ》、地下水《ちかすい》などのわずか 0.01 パーセントしかありません。また、同《おな》じ地球上《ちきゅうじょう》でも雨《あめ》の多《おお》い地《ち》いきと少《すく》ない地《ち》いきがあるため、かぎりある水《みず》を大切《たいせつ》につかう必要《ひつよう》があります。

雨雲《あまぐも》は黒《くろ》く
見《み》えるのは
どうしてだろう？

親子《おやこ》でチャレンジ

めぐる水《みず》のことをまなびに行《い》こう

全国《ぜんこく》には、地球上《ちきゅうじょう》をめぐる水《みず》についておしえてくれる博物館《はくぶつかん》や科学館《かがくかん》があります。埼玉県立川《さいたまけんりつかわ》の博物館《はくぶつかん》では、川《かわ》をつうじてめぐる水《みず》のふしぎだけでなく、川《かわ》にまつわる人《ひと》びとのくらしもまなべます。

DATA 埼玉県立《さいたまけんりつ》 川《かわ》の博物館《はくぶつかん》
〒 369-1217 埼玉県大里郡寄居町小園 39
https://www.river-museum.jp

上空《じょうくう》で氷《こおり》のつぶへ

上空《じょうくう》で水《すい》じょう気《き》がひやされ、小《ちい》さな氷《こおり》のつぶになってあつまったものが雲《くも》。

水《すい》じょう気《き》になる

川《かわ》や湖《みずうみ》、海《うみ》、森林《しんりん》から出《で》る水《すい》分《ぶん》は、太陽《たいよう》の熱《ねつ》であたためられて水《すい》じょう気《き》になり、上空《じょうくう》へのぼっていく。

東京都《とうきょうと》の場合《ばあい》、ひとりあたり１日《にち》に約《やく》214 リットル（おふろ約《やく》１ぱいより少《すこ》し多《おお》いぐらい）の水《みず》をつかっている。

へんしんする たべものって なに？

ビーンと コーンの だいへんしん

ナオくんの　おうちには、
かぞくで　そだてた
やさいが　どっさり。
「うわあ、おいしい。」
ナオくんは　パクパク
たべました。
ところが、まいにち
おなじ　もの　ばかり。
すっかり　あきて、だんだん
たべたく　なくなりました。

クイズ

ビーンと　コーンは
なにに　へんしん
したのかな？

「どうしよう！」

ビーンと　コーンは、　おおよわりです。

「おいしく　たべて　ほしいのに。」

「へんしんの　じゅつが　できればなあ。」

「そうだ！」

「しゅぎょうの　たびに　でよう。」

ふたりは　ママが　でかける　すきに、
バッグに　しのびこみ　いえを
でました。

ふたりは、　ほかの　たべものたちと
いっしょに、　しゅぎょうする
ことに　なりました。

キンししょうに　へんしんじゅつを
おそわりました。

からだを　けずって
へんしんする　じゅつの
しゅぎょうを　しました。

ひや　みずを　つかう
へんしんじゅつの
しゅぎょうも
がんばりました。

せっせと　しゅぎょうを
した　おかげで、ビーンも
コーンも、じゅつを　たくさん、
おぼえる　ことが　できました。
さっそく、へんしんです。

♪マメミムメモマメ、
ミソマメミムメモ♪
♪タベタヨタベタ
タベタヨタベタベタ♪
MILK
♪タベタヨタベタ
タベタヨタベタベタ♪

きなこに　へんしんした　ビーンと
コーンフレークに
へんしんした　コーンは、
おみせの　たなに
ならびました。
ママは　てに　とると、
うれしそうに　いいました。
「これなら　ナオくんも
たべて　くれるかも。」

ビーンと　コーンは、
わくわく　おうちへ　かえります。
ナオくんも　ニッコリ。
「ママ、おいしいね。」
もぐもぐ　もりもり　たべました。
やったね。へんしん　だいせいこう！

もっとたのしむヒント

食材が微生物の力や熱・水などを加えることで加工食品ができる様子を、食べものたちの変身術に見立てています。また、ヨーグルトの原材料は生乳（しぼりたてで無調整の牛の乳）ですが、お話では子どもになじみのある牛乳パックのキャラクターで表現しています。

クイズのこたえ　ビーン➡きなこ　コーン➡コーンフレーク

もっと知《し》りたい!

変身《へんしん》する食《た》べもののこと

食《た》べものは、「びせいぶつ」とよばれる目《め》に見《み》えない小《ちい》さないきものの力《ちから》をつかったり、手《て》をくわえたりすることで、いろいろなものにかわります。さまざまな変身《へんしん》する食《た》べものを見《み》てみましょう。

びせいぶつの力《ちから》をつかってできる食《た》べもの

びせいぶつも、わたしたち人間《にんげん》と同《おな》じように栄養《えいよう》がないと生《い》きられません。びせいぶつが食《た》べものについて栄養《えいよう》をとることで、元《もと》の食《た》べものがからだによい食《た》べものに変身《へんしん》することがあります。びせいぶつの力《ちから》をつかってできた、からだによい食《た》べものを発酵食品《はっこうしょくひん》といいます。みそやしょうゆは「こうじ菌《きん》」、チーズやヨーグルトは「にゅうさん菌《きん》」、パンは「こうぼ菌《きん》」のように、びせいぶつの種類《しゅるい》によってできる発酵食品《はっこうしょくひん》もかわります。

われら、
びせいぶつが
力《ちから》をかすぞ!

MILK
生乳《せいにゅう》※
小麦《こむぎ》
だいず
変身《へんしん》
しっぱい…
変《へん》
身《しん》
ヨーグルト
チーズ
パン
みそ
しょうゆ
みそ
しょうゆ
びせいぶつの力《ちから》をつかったとき、おなかをこわすものができることがある。これを「くさる」という。

おかしやパンってかびることがあっタネ！どうしてかな？

親子《おやこ》でチャレンジ

スーパーマーケットで加工食品《かこうしょくひん》をさがしてみよう

加工食品《かこうしょくひん》には原材料名《げんざいりょうめい》が書《か》かれています。たとえば、ヨーグルトの原材料名《げんざいりょうめい》には生乳《せいにゅう》とあります。家《いえ》の人《ひと》といっしょにしらべてみましょう。

手《て》をくわえてできる食《た》べもの

発酵食品《はっこうしょくひん》のほかにも、熱《ねつ》や水《みず》をくわえたり、こねたり、つぶしたり、こなにしたりなど、わたしたちが手《て》をくわえることで、変身《へんしん》できる食《た》べものもあります。

熱《ねつ》の力《ちから》をかすよ！
生乳《せいにゅう》※
魚《さかな》
とうもろこし
MILK
変《へん》
身《しん》
れん乳《にゅう》
かまぼこ
ポップコーン

ミキサーなどでこまかくこなにします！
とうもろこし
こめ
だいず
変《へん》
身《しん》
コーンフレーク
きなこ
コーンのこなでつくったおかし
せんべい
きなこ

水《みず》の力《ちから》をどうぞ！
変《へん》
身《しん》
とうふ
だいず

※生乳（しぼりたてで無調整の牛の乳）ですが、お話では子どもになじみのある牛乳パックのキャラクターで表現しています。

これ な〜んだ？

❶

❷

❹

❸

ヒント❶

かたちは　ちがうけど
みんな　おなじ
いきものの
なかまだよ！

アミアミの　ものや、
トゲトゲの　もの。
いろいろな　かたちが
あるんダネ！
なんの　いきものかな？

❺

❻

❼

ヒント❷

どくを　もつ
ものも
いるよ！

もっとたのしむヒント

「アミやトゲ、とんがりぼうし…。これは、どんな形に見える？」とお子さんと話しながら、楽しんでみましょう。

クイズのこたえ　キノコ

写真提供：❶キヌガサタケ、❸サンゴハリタケ、❹サンコタケ、❺ニカワホウキタケ、❻ツチグリ→ホクト株式会社「きのこらぼ」、❷カンゾウタケ、❼イカタケ→一般財団法人日本きのこセンターキノコって、きの こどもなの？

おとうさんは だれ？

おおきな もりの おく。
タマゴタケの あかちゃん、マゴちゃんは
ブナの きの そばで うまれました。
「わあ、おおきな き。
ぼくも こんな りっぱな
きに なれるかな？」
マゴちゃんは、うれしそうに
ブナの きを みあげます。
マゴちゃんは じぶんの ことを
ブナの きの こどもだと おもったのです。

クイズ

かけて いる
はっぱは
なんまい
あるかな？

ブナの　きは　おおきな　えだを
しげらせて　います。
その　せいで、マゴちゃんの　まわりは
たいようの　ひかりが　とどかず
いつも　しめって　います。
「ちょうど　いい　しめり　ぐあいだ。
くうきも　おいしい。
おとうさん、いつも　ありがとう。」

「こんにちは。」

あるひ、どこからか　こえが　しました。

マゴちゃんが　ふりむくと、

タケノコが　いました。

「ぼくは、タケノコの　ノコちゃん。

ともだちに　なろうよ。」

「うん。よろしくね　ノコちゃん。」

ふたりは　ともだちに　なりました。

もりに　あめが　ふりました。
ふたりとも　あめが
だいすきです。
「わあ、あめだ。
ぽつん　ぽつん。」
「ぴっちょん　ぴっちょん
ぴっちょん。」
「あっというまに
ざあ　ざあ　ざあ。」
「あめの　おかげで　ぼくたちは
おおきく　なれる。」
「どんどん　ふーれ、
どんどん　ふーれ。」

ノコちゃんは、どんどん　せが
たかく　なって　いきました。
ところが、マゴちゃんは、
からだが　すこし　シュッと　して
きた　ものの、
せは　あまり　のびて　いません。

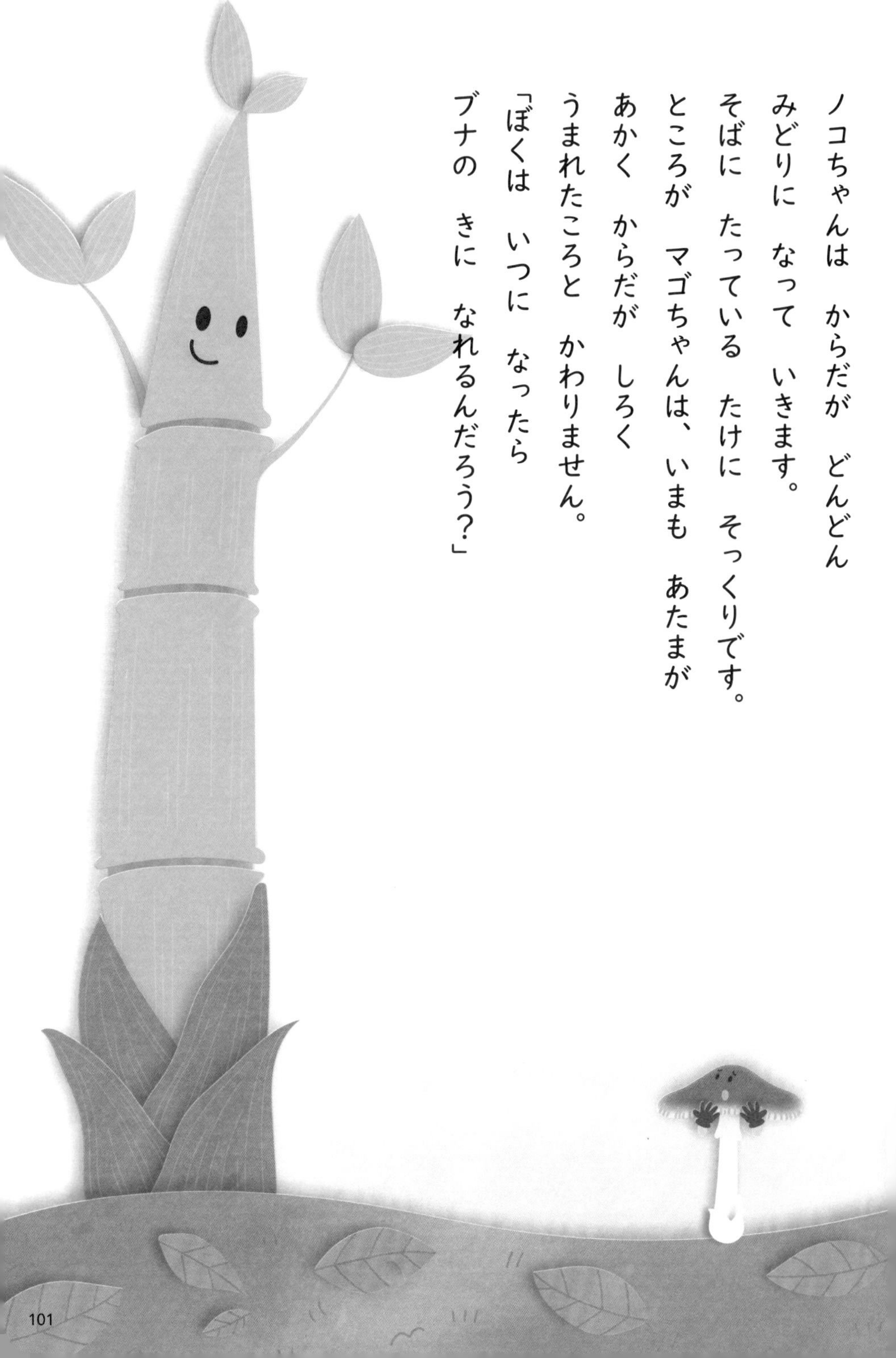

ノコちゃんは　からだが　どんどん
みどりに　なって　いきます。
そばに　たっている　たけに　そっくりです。
ところが　マゴちゃんは、いまも　あたまが
あかく　からだが　しろく
うまれたころと　かわりません。
「ぼくは　いつに　なったら
ブナの　きに　なれるんだろう？」

「ぼくは　ブナの　きの
こどもじゃないの？
ぼくの　おとうさんは　どこ？」
「きみは　タマゴタケだよ。」
ブナの　きが
マゴちゃんに　はなしかけます。

もっとたのしむヒント

「キノコはどんなところに生えているのかな？」など声をかけて、キノコについて調べて探しに行くと、より理解が深まります。森や庭のしめった場所などで見つけられますが、見つけたキノコは毒をもつ可能性があるので、絶対に食べてはいけません。

クイズのこたえ　5まい

「きみは　キノコだ。キノコが　いる
おかげで　もりの　きは　いきて
いけるんだ。いつも　ありがとう。」
「そうなの？」
「ほうら、あそこを　ごらん。
きみの　おとうさんだよ。」

マゴちゃんは　あたりを　みわたして、
むかいの　ブナの　きの　ねもとに
いる　タマゴタケを　みつけました。
「ぼくの　おとうさんだ！
ぼく、もりの　ために
りっぱな　キノコに　なるよ。」
マゴちゃんは　ぐんと　あかい
かさを　ひろげました。

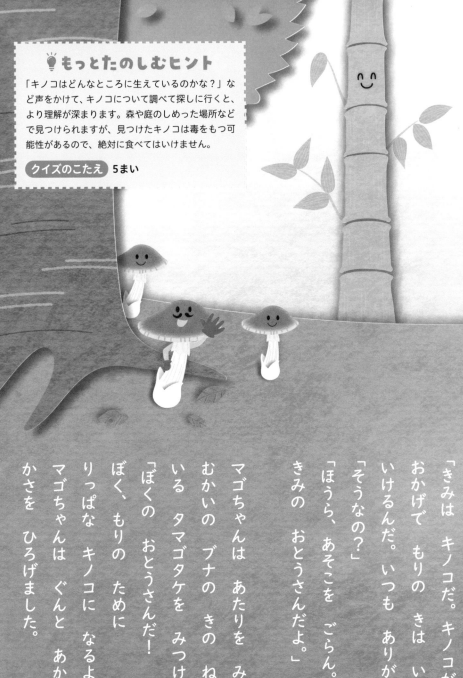

もっと知《し》りたい！

森《もり》とキノコのこと

キノコは、名前《なまえ》から木《き》などの植物《しょくぶつ》のなかまと思《おも》うかもしれませんが、じつは「菌類《きんるい》」とよばれる動物《どうぶつ》のなかまです。キノコのふえ方《かた》や、森《もり》でのやくわりを見《み》てみましょう。

❶ 風《かぜ》や水《みず》のながれにのったり、動物《どうぶつ》にはこばれたりして、胞子《ほうし》がとんで土《つち》や木《き》の幹《みき》、かれ葉《は》などにつく。
❻ 大《おお》きくなって胞子《ほうし》をとばす。
キノコの胞子《ほうし》って小《ちい》さいのかな？目《め》に見《み》えるのかな？
❷ 胞子《ほうし》が成長《せいちょう》して、一次菌糸《いちじきんし》になる。

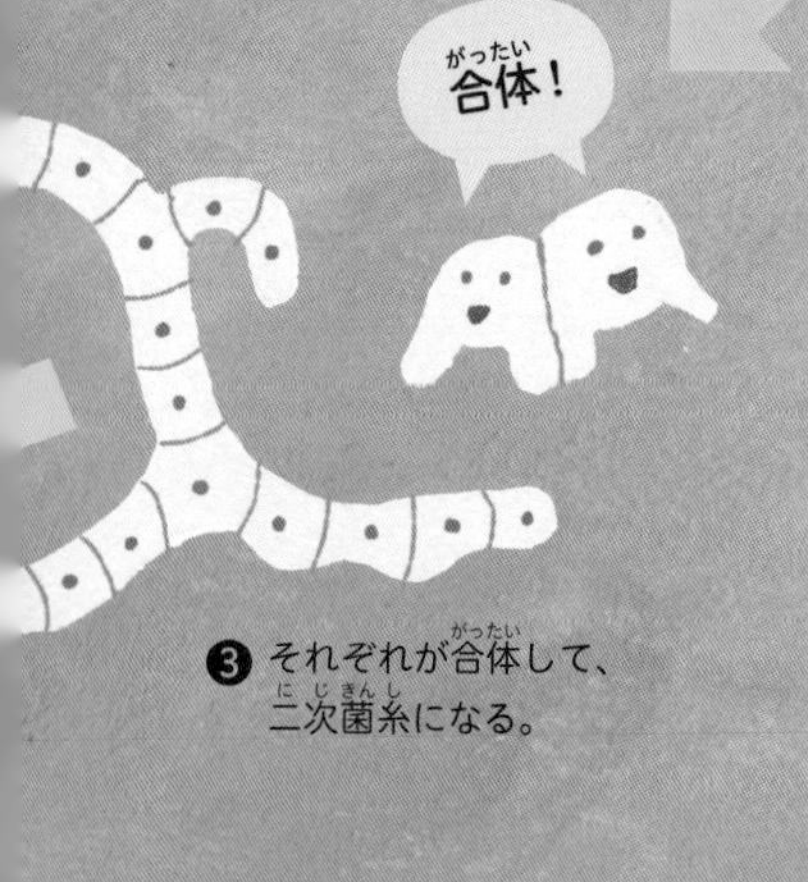
合体《がったい》！
❸ それぞれが合体《がったい》して、二次菌糸《にじきんし》になる。

キノコはどうやってふえるの？

キノコは、とても小《ちい》さな「胞子《ほうし》」というものでふえます。成長《せいちょう》したキノコがとばした胞子《ほうし》は、一次菌糸《いちじきんし》、二次菌糸《にじきんし》と成長《せいちょう》していき、菌糸《きんし》があつまって、わたしたちがふだん目《め》にしているキノコの形《かたち》ができていきます。そして成長《せいちょう》したキノコが、また胞子《ほうし》をとばして、キノコはどんどんふえていくのです。

やくわり❶ そうじ
かれた木《き》や葉《は》、動物《どうぶつ》のフンなどを分解《ぶんかい》する。
やくわり❷ ごはんづくり
菌糸《きんし》で木《き》の根《ね》とつながって、土《つち》のなかの栄養《えいよう》をおくる。また、木《き》がつくる栄養《えいよう》をうけとる。
⑤ わたしたちが目《め》にする形《かたち》のキノコ（子実体《しじつたい》）ができはじめる。
まだ、子《こ》ども！
❹ 二次菌糸《にじきんし》があつまって成長《せいちょう》する。

キノコは森《もり》をささえている

キノコの森《もり》におけるやくわりは、大《おお》きく二《ふた》つあります。一《ひと》つは木《き》に土《つち》のなかの栄養《えいよう》を供給《きょうきゅう》する「ごはんづくり」のようなやくわり、もう一《ひと》つはかれた木《き》などを分解《ぶんかい》する「そうじ」のようなやくわりです。

おんせんと いえの おふろは なにが ちがうの？

きまぐれやまの おんせん

さるたの おじいさんの さるぞうさんが
あしに けがを しました。
さるたは しんぱいそうに
おじいさんを みつめて います。
すると おじいさんが とおくに
そびえたつ きまぐれやまを
みながら いいました。
「きまぐれやまの おんせんに
はいれば きずが はやく
なおるそうじゃがのう。」

クイズ

さるたは
どんな
おんせんに
はいったのかな？

きまぐれやまは　そのなの　とおり、
おこって　ひを　ふいたり、
ないて　みずを　ながしたり。
きぶんに　よって
なにが　おこるか　わからない
おそろしい　やまなのです。
「おじいさんの　きず、
はやく　なおして　あげたいな。
こわいけど　おじいさんを
きまぐれやまに　つれて　いこう。」

きまぐれやまを　のぼる　みちは
きけんの　れんぞくです。
いくつもの　やまを　こえて
いかなくては　いけません。
ゴツゴツした　いわやまを
こえると　ひとつめの　やまの
てっぺんに　つきました。
てっぺんには　おおきな　あなが
あいていて　その　ほそい
あなの　ふちを
おちない　ように　あるきました。

つぎの　やまは　さらさらの
つちで　あしが　すべって
とても　のぼりにくい　やまでした。
ところが　そこに
さつまいもを　みつけました。
ふたりで　むちゅうで
さつまいもを　たべていると
おじいさんが　おならを　ぷぅ〜。
「おじいさん　くさいよ！
すごく　くさい！」
「さるた、これは　わしの
への　におい　じゃない。
おんせんの　においだ。
おんせんは　もうすぐじゃ！」

おならの　においの　ほうへ
あるいて　いくと　もくもくと
しろい　けむりを　みつけました。
おならの　においの　けむりを
くぐると　そこに　たくさんの
おんせんが　ありました。
「やった～！　みつけたぞ！
でも　あれ？　いろいろ
あるけど　どれに
はいったら　いいのかな？」

すると　どこから　ともなく
こえが　きこえて　きました。
「きずを　なおしに　きた　ならば
とうめいな　ゆに　はいると　いい。」

その　こえは　きまぐれやまの
こえでした。
はいって　みると
ポカポカして　いい　きもち。
「きまぐれやまは　おそろしい
やまだと　きいて　いたが
なんと　やさしい　やまじゃろう。
みて　くれ、きずも　みるみるうちに
なおって　きたわい。」
さるたは　おおきな　こえで
「ありがとう！」と　きまぐれやまに
おれいを　いいました。
きぶんが　よくなった　きまぐれやまは
おおきな　はなの　あなから
ふ～んと　いきを　はきました。

すると　けむりと　くもが
ふきとんで　うつくしい
けしきが　ひろがりました。
それから、きまぐれやまの
おんせんに　たくさんの　さるが
くるように　なった　そうです。

もっとたのしむヒント

日本中にある温泉の色やにおいを調べて比べるのもいいですね。温泉の近くには火山など特徴的な地形があるので、温泉地で気になる地形があれば行ってみるのもよいでしょう。

クイズのこたえ　とうめいな　おんせん

もっと知《し》りたい！

温泉《おんせん》と火山《かざん》のこと

温泉《おんせん》は火山《かざん》や地下《ちか》のふかいところなどからわきでます。家《いえ》のおふろのお湯《ゆ》とちがい、温泉《おんせん》には地下《ちか》のガスや岩石《がんせき》などからしみ出《で》たものがとけこんでいます。これがからだによいといわれているのです。

火山《かざん》のそば

雨《あめ》や雪《ゆき》がしみこんでできた地下水《ちかすい》がマグマの熱《ねつ》であたためられ、わき出《で》て温泉《おんせん》になる。地下水《ちかすい》がマグマの熱《ねつ》であたためられて温泉《おんせん》となって、水《すい》じょう気《き》や熱水《ねっすい》がわく「間欠泉《かんけつせん》」になることもある。人《ひと》が近《ちか》づけないぐらい熱《あつ》いところもある。

世界《せかい》の国《くに》にも温泉《おんせん》はあるのかな？

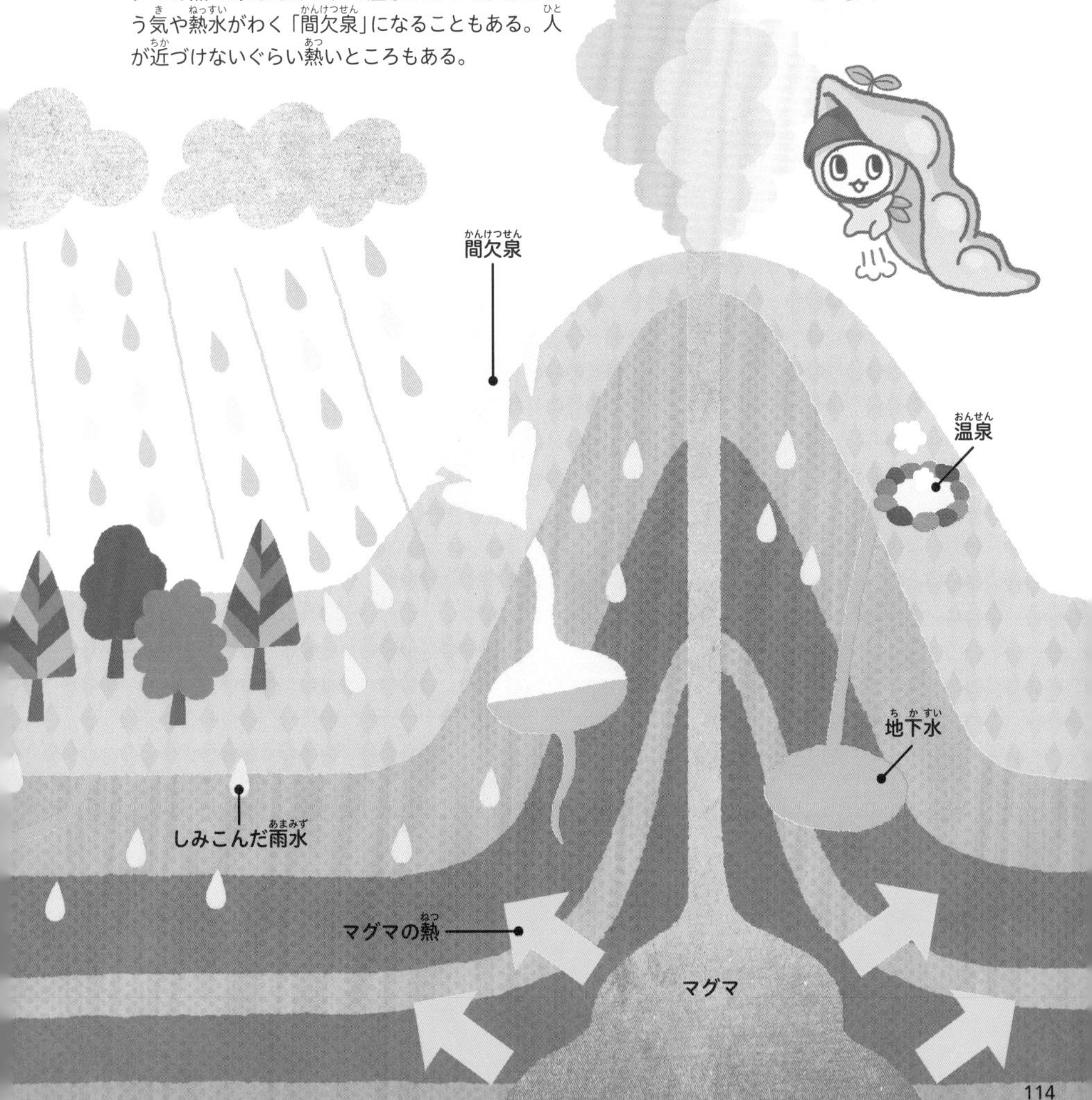
間欠泉《かんけつせん》
温泉《おんせん》
地下水《ちかすい》
しみこんだ雨水《あまみず》
マグマの熱《ねつ》
マグマ

温泉《おんせん》は地球《ちきゅう》がくれたプレゼント

温泉《おんせん》は地球《ちきゅう》のめぐみです。温泉《おんせん》はおもに、火山《かざん》のそばや地下《ちか》のふかいところ、大《おお》むかしの海水《かいすい》が地下《ちか》にとじこめられているところにわきます。温泉《おんせん》がわくことと、地球《ちきゅう》の中心《ちゅうしん》が熱《あつ》くなっていることには関係《かんけい》があります。地球《ちきゅう》の中心《ちゅうしん》の熱《ねつ》がえいきょうして火山《かざん》ができますし、地下《ちか》のふかいところにある地下水《ちかすい》やとじこめられた大《おお》むかしの海水《かいすい》は、地球《ちきゅう》の中心《ちゅうしん》からつたわる熱《ねつ》であたためられます。また、地球《ちきゅう》にはいろいろな岩石《がんせき》があり、そこからしみ出《で》るもののちがいがさまざまな温泉《おんせん》をつくります。

親子《おやこ》でチャレンジ

日本《にほん》にはたくさん温泉《おんせん》があります。自分《じぶん》のすんでいる近《ちか》くに、どんな温泉《おんせん》があるのかしらべて行《い》ってみましょう。

北海道《ほっかいどう》の十勝岳温泉郷《とかちだけおんせんきょう》

写真提供：十勝岳温泉湯元凌雲閣

大《おお》むかしの海水《かいすい》が地下《ちか》にとじこめられているところ

地下《ちか》にしみこまずにのこった大《おお》むかしの海水《かいすい》が、地球《ちきゅう》の中心《ちゅうしん》からつたわる熱《ねつ》であたためられる。それをさいくつして、温泉《おんせん》がわく。

地下《ちか》のふかいところ

雨水《あまみず》が地下《ちか》のふかいところに地下水《ちかすい》としてたくわえられる。地球《ちきゅう》の中心《ちゅうしん》からつたわる熱《ねつ》であたためられたその地下水《ちかすい》をさいくつして、温泉《おんせん》がわく。

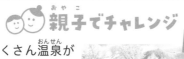

コップの　うしろに　いるもの　な～んだ？

おおきいのは　どっち？

トモくんと　おにいちゃんは、
おばあちゃんから　にまいの
クッキーを　もらいました。
おにいちゃんは、クッキーと
おみずを　いれた　コップを
おいて、いいました。

「トモくん　どっちにする？」
「ぼくは　こっち！」

クイズ

おはなしに　でて
くる　おかしは
クッキーの　ほかに
なにかな？

ところが、いざ
たべはじめて　みると、
おにいちゃんの　クッキーの
ほうが　おおきく　みえます。

おかしいと　おもった　トモくんは、
みずの　はいった　コップを　もちあげて、
コップの　うしろに　ある
おにいちゃんの　かおを　みました。
すると　なんと　おおきく　なったのです！

トモくんは　みずの　はいった　コップを　とおして、
いろいろな　ものを　みて　みました。

おおきく　なったり、

ちいさく　なったり、

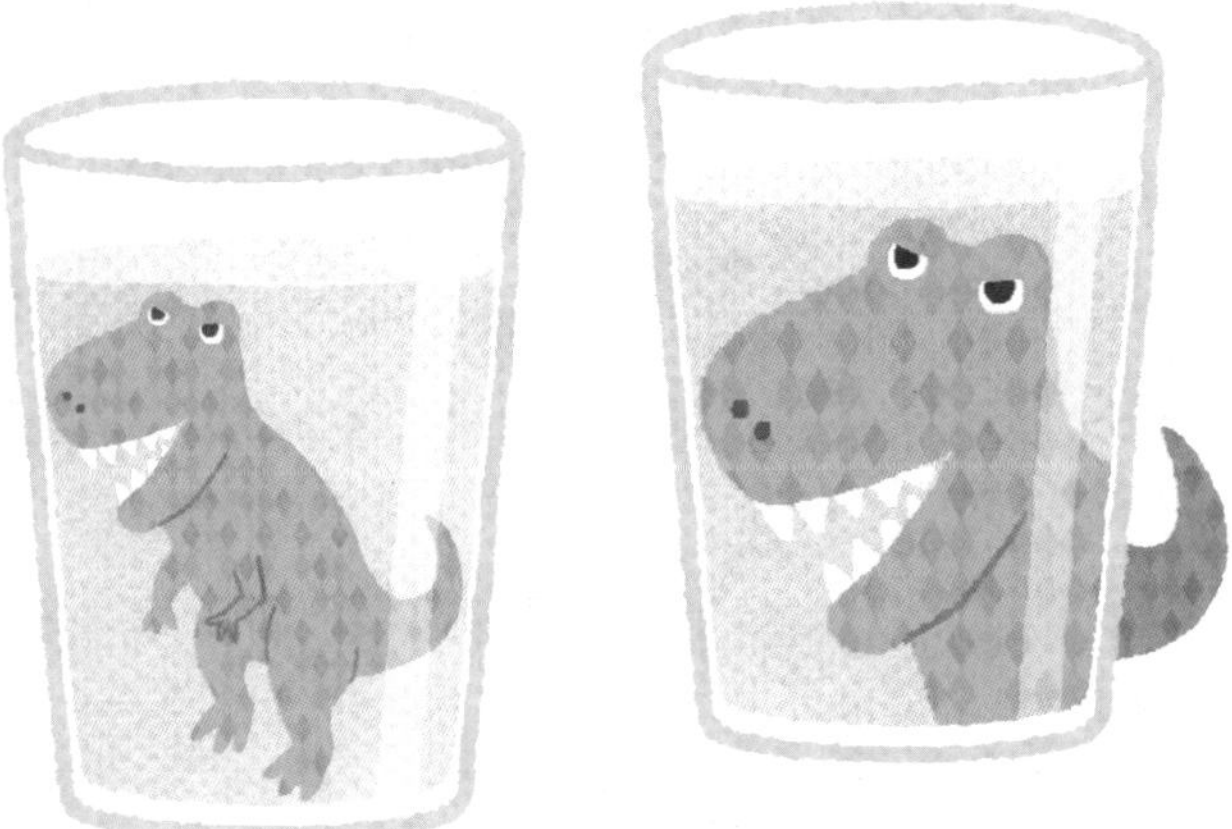

ぎゃくに
なったり、

ずれて
みえたり……。
ふしぎな　こと
だらけです。

かいものから　もどって　きた
おばあちゃんが、トモくんに　ききました。
「なにを　して　いるの？」
「おにいちゃんに　だまされたんだ。」

「ひかりは　みずが　はいった　ガラスを
とおると　まがるの。ひかりが　まがると、
ものの　おおきさが　ちがって　みえるのよ。」
そこで、トモくんは　いろいろな　ガラスに
みずを　いれて　ためして　みました。
「あ、これなら　うまく　いくぞ！」

つぎのひ、トモくんは　おにいちゃんに　いいました。
「どっちの　カップケーキが　いい？
おにいちゃんが　さきに　えらびなよ。」
おにいちゃんは　にやりと　わらいました。

「コップの　うしろに　おくと
おおきく　みえるんだ。だから
ほんとうは、コップの　ない
カップケーキの　ほうが
おおきいはず。　こっちだ！」
ところが、コップの　うしろに
ある　カップケーキの　ほうが
おおきかったのです。

もっとたのしむヒント

光の屈折をテーマにしたお話です。お話を読み終えたら、家にあるさまざまなコップに水を入れて試してみてください。

クイズのこたえ ドーナツ、カップケーキ

おにいちゃんは
くびを　かしげます。
「こっちが　ちいさいなんて。
どうして？」
おばあちゃんが　いいました。
「しかくい　コップは、
ひかりが　まっすぐ　とおるから、
おくに　みえる
ものの　おおきさは
あまり　かわらないんだよ。」
トモくんは　おおきい　ほうの
カップケーキを　もって
にっこり　わらいました。

もっと知《し》りたい!

光《ひかり》のすすみ方《かた》のこと

光《ひかり》には水《みず》とガラスのようにちがうもののなかをとおるとき、そのさかいめでまがる性質《せいしつ》があります。コップの後《うし》ろにあるものの見《み》え方《かた》がちがうのは、この光《ひかり》がまがる性質《せいしつ》と人間《にんげん》の脳《のう》に原因《げんいん》があります。

光《ひかり》がまがると見《み》え方《かた》がかわる?

まっくらな場所《ばしょ》でライトをかべにむけると、光《ひかり》がまっすぐすすむことがわかり、光《ひかり》にあたったものも見《み》えます。これは、ものにあたった光《ひかり》が、わたしたちの目《め》に入《はい》ってくるからです➡P.208。ふつう、光《ひかり》はさえぎるものがなければまっすぐすすみますが、水《みず》やガラスのようにちがうもののさかいめをとおるとき、光《ひかり》はまがります。まがってとどいた光《ひかり》が目《め》に入《はい》ると、人間《にんげん》の脳《のう》はかんちがいして、見《み》え方《かた》をみずからちょうせいしなおす性質《せいしつ》があります。そのため、じっさいのものと見《み》え方《かた》がちがってしまうのです。

そういえば、水《みず》の入《はい》ったコップにストローを入《い》れたときにまがって見《み》えたことがある。ふしぎダネ。

こう見《み》えている!

光《ひかり》をさえぎるものがないときは、光《ひかり》がまっすぐすすみ、見《み》えているものとじっさいの大《おお》きさは同《おな》じ。

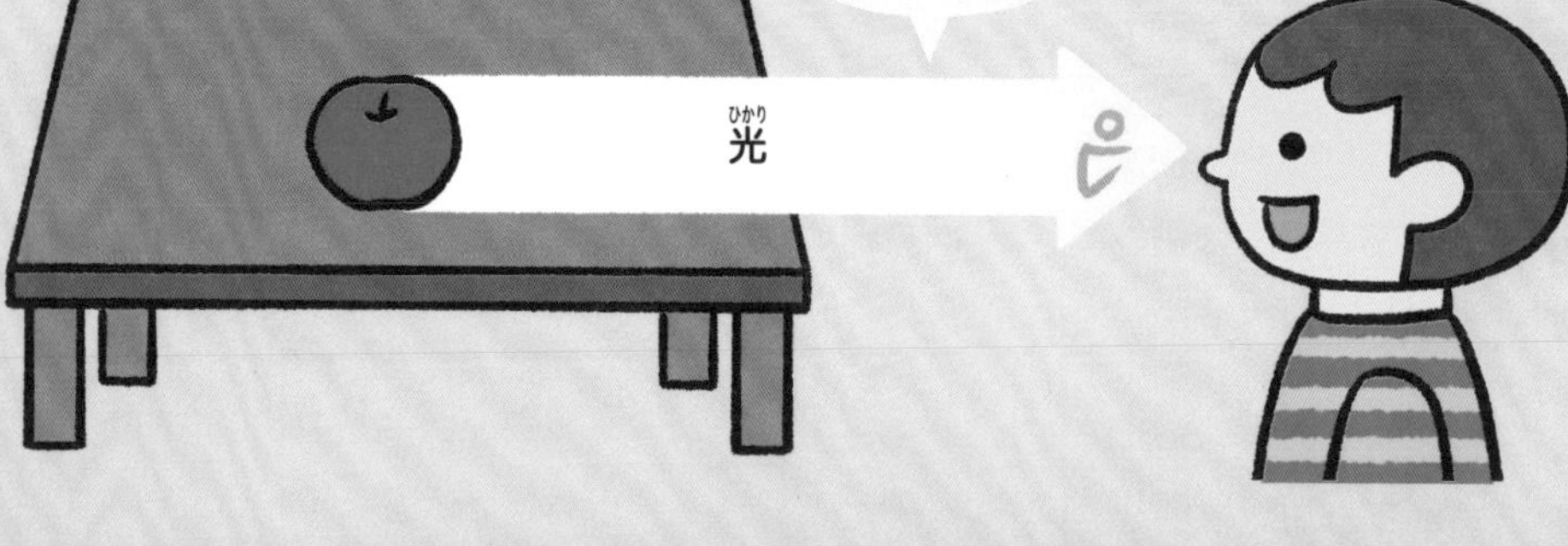

親子《おやこ》でチャレンジ

光《ひかり》のすすみ方《かた》をたしかめよう

光《ひかり》がまがってすすんでいることや、まっすぐすすんでいることをじっさいに目《め》でたしかめてみましょう。

❶かんてんとレーザー光《こう》で！

かんてんをすきな形《かたち》にかためます。かべの前《まえ》にかためたかんてんをおき、ネコとあそぶときにつかうレーザーポインターなどのレーザー光《こう》をあててみましょう。光《ひかり》がまがることがわかります。

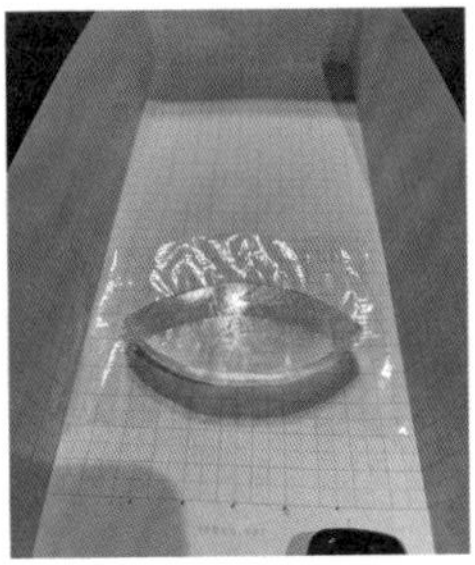

❷森《もり》のなかで！

森《もり》に行《い》ったときには、森《もり》のなかにさしこんでくる木《こ》もれ日《び》を見《み》てみましょう。まっすぐさしこんでくるのがわかります。

水《みず》じゃなくて、ジュースや麦茶《むぎちゃ》、油《あぶら》だったら見《み》え方《かた》がかわるのかな？

こう見《み》えている！

水《みず》の入《はい》ったコップが前《まえ》におかれているときは、光《ひかり》がまがってすすむ。しかし、脳《のう》は「目《め》にまっすぐ光《ひかり》が入《はい》ってきている」とかんちがいするため、点線《てんせん》のあたりにものがあるとちょうせいしなおす。その結果《けっか》、見《み》えているものがじっさいのものとちがって見《み》える。

どうぶつえんの　ゴリラは　いつか　ニンゲンに　なるの？

ニンゲンを　さがしに

にちようび。
ダイチは　どうぶつえんで、
サルや　ゴリラの
あかちゃんを　みました。
「しわくちゃだ～。」
わらって　いると、
じめんから　こえが……。
「おぬしたち　ヒトも、
むかしは　サルや
ゴリラだったんじゃよ。」

クイズ

この　いきものは
なんページに
いるかな？

「うそだ〜。」
ダイチが　さけぶと、
「うそでは　ないぞよ。わしは　ちきゅうじゃ。
これまで　ずうっと　なんでも　みて　きたのじゃ。」
とたんに、**ゴーッ**、ものすごい　つむじかぜ。
ダイチは　そらへと
まきあげられて　しまいました。

したの　ほうには、まっかに　もえる
ひの　うみが　ひろがって　います。
ダイチは　びっくり。
「こ、ここは　どこ？」
「できたての　わしの　すがたじゃ。
ちきゅうは　はじめ、もえて　いた。」
「うわ、あそこへ　おちたら、あぶないよー。」

その　とたん、ひから　みずへと　かわった
うみの　なかへ　どぼーん。
まわりには、ちいさな　つぶが
チラチラ　きらきら　およいで　います。
「ひの　うみが　ひえて　みずが　できた。これが
ちきゅうで　はじめて　うまれた　いきものじゃ。」

「この　ちいさな　つぶから、
あたらしい　いきものが
うまれたり、しんだりを
くりかえして　きたのじゃ。」
「これが？　ニンゲンは
どこに　いるの？」

「よし、これから、
おおむかしの　ヒトの
ところまで　つづく　ひかりの
トンネルを　ぬけて　いくぞ。」

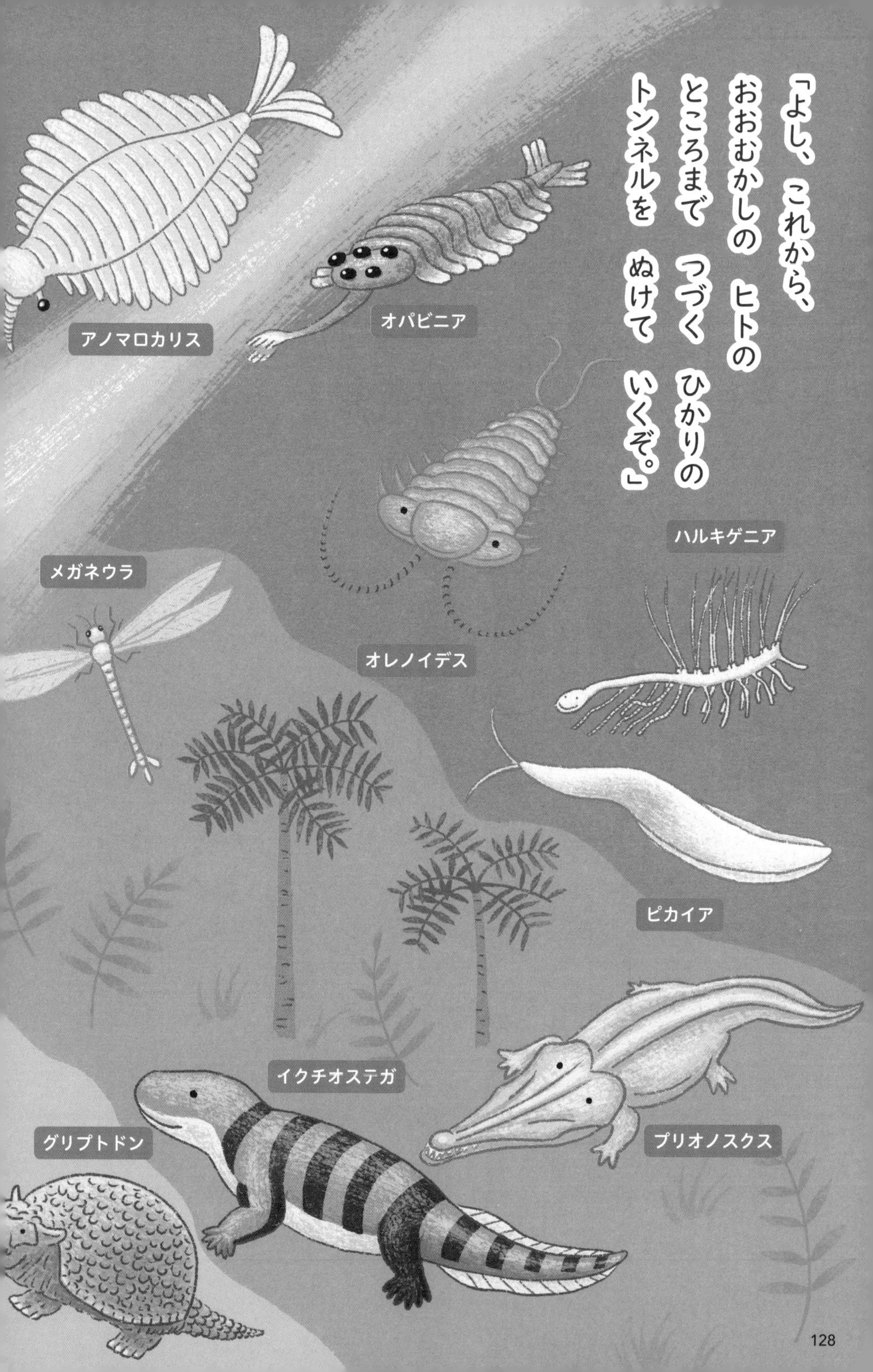
アノマロカリス
オパビニア
ハルキゲニア
メガネウラ
オレノイデス
ピカイア
イクチオステガ
グリプトドン
プリオノスクス

「わかった！」
タイムスリップを　して
いった　ダイチですが、
だんだんと　じりじりして　きました。
「ねえ。まだ　ニンゲンは
あらわれないの？」

ウィクワシア
ケツァルコアトルス
アルゼンチノサウルス
ティラノサウルス
ケナガマンモス

すると、　ちきゅうが　いいました。
「お、　あそこに　おるぞ。　あれが
おおむかしの　ヒトじゃ。」
「ええっ、　あれが　そうなの？
まるで　サルや　ゴリラみたい！」
ダイチが　さけぶと、

その　こえを　ききつけて　きばを　ひからせた
ハイエナたちが　おそいかかって　きました。
「ぎゃあー、　たべられちゃうよー。
ニンゲンは　どこに　いるんだよ～っ！」
めを　ぎゅっと　つむったら。

「あれえ？」ダイチは、いつのまにか、
ゴリラの　ゾーンの　まえに　いました。
さっき　たしかに　じめんから　こえが　したのです。
おもわず、あしもとを　みたら、
じぶんの　かげが　わらいました。
「ボクガ　ニンゲンダヨ。」

もっとたのしむヒント

お子さんと生きものの形や特徴について話してみましょう。「何を食べていたのかな？　なんで今はいないんだと思う？」と話をふくらませて、一緒に調べるのもいいですね。

クイズのこたえ　128ページ

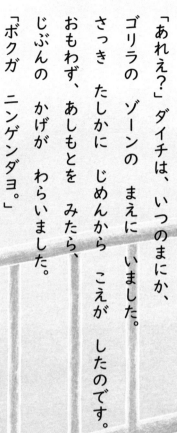

もっと知《し》りたい！

いきものの進化《しんか》のこと

「進化《しんか》」は、長《なが》い時間《じかん》のなかでいきものの性質《せいしつ》がかわっていくことです。すべてのいきものの祖先《そせん》は同《おな》じですが、それぞれ別《べつ》の進化《しんか》をしたためゴリラは人間《にんげん》になれません。進化《しんか》のれきしを見《み》てみましょう。

地球《ちきゅう》でさいしょのいきものはどこで生《う》まれた？

地球《ちきゅう》は、いまから約《やく》46おく年前《ねんまえ》にたんじょうしました。地球《ちきゅう》に、いきものがあらわれたのは、いまから約《やく》40おく年前《ねんまえ》です。海《うみ》でとても小《ちい》さないきものがたんじょうしました。それから長《なが》い時間《じかん》のあいだに、いきものはほろんだり進化《しんか》したりをくりかえしながらふえてきました。

酸素《さんそ》がふえ、地球《ちきゅう》のかんきょうがおちついてくると、ふくざつなからだのつくりのいきものがいっきにふえた。

約《やく》5おく4000万《まん》年《ねん》前《まえ》

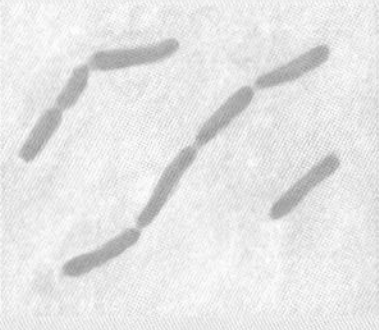

シアノバクテリアという植物《しょくぶつ》のなかまが生《う》まれて酸素《さんそ》ができる。

約《やく》27おく年《ねん》前《まえ》

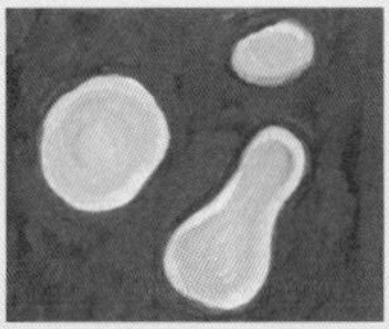

海《うみ》にさいしょのいきものがあらわれる。

約《やく》40おく年《ねん》前《まえ》

地球《ちきゅう》って生《う》まれたときはあつかったんダネ！

地球《ちきゅう》たんじょう。生《う》まれたばかりの地球《ちきゅう》はあつく、時《じ》間《かん》をかけてひえていった。

約《やく》46おく年《ねん》前《まえ》

人間《にんげん》の祖先《そせん》はいつ生《う》まれたの？

恐竜《きょうりゅう》がほろんでから2500万年《まんねん》ほどたつと、人間《にんげん》とゴリラの共通《きょうつう》の祖先《そせん》であるサルのなかまがふえました。そして、いまから約《やく》700万年前《まんねんまえ》に、人間《にんげん》（ヒト）は独自《どくじ》の進《しん》化《か》をはじめました。約《やく》30万年前《まんねんまえ》にあらわれたホモ・サピエンスが、いまのわたしたちに進化《しんか》したと考《かんが》えられています。

陸上《りくじょう》でくらすいきものがふえる。

恐竜《きょうりゅう》があらわれる。

恐竜《きょうりゅう》がいなくなる。

恐竜《きょうりゅう》は強《つよ》かったのに、どうしていなくなってしまったのかな？

約《やく》6600万年前《まんねんまえ》にいたもっとも古《ふる》いサルのなかまであるプルガトリウスは生《い》きのこった。その後《ご》、サルのなかまがふえていった。

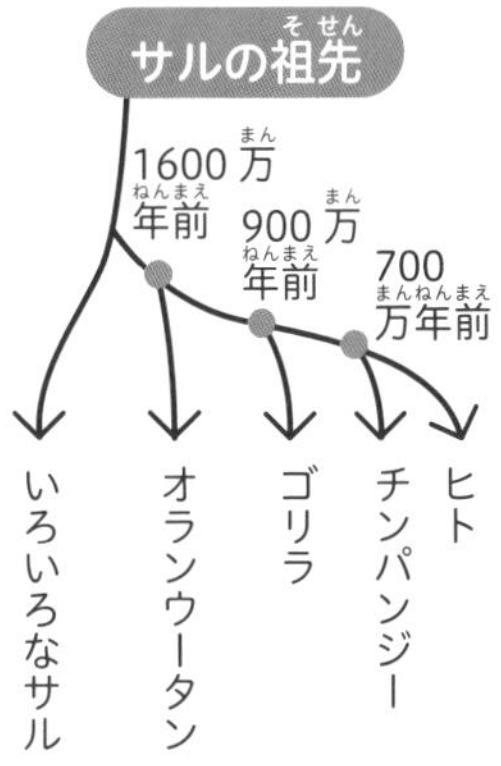

サルの祖先《そせん》
1600万《まん》年前《ねんまえ》
900万《まん》年前《ねんまえ》
700万年前《まんねんまえ》
いろいろなサル
オランウータン
ゴリラ
チンパンジー
ヒト

いまのヒトに進化《しんか》するホモ・サピエンスがあらわれる。

- 約《やく》3おく6000万年前《まんねんまえ》
- 約《やく》2おく3000万年前《まんねんまえ》
- 約《やく》6600万年前《まんねんまえ》
- 約《やく》4000万年前《まんねんまえ》
- 約《やく》1600万《まん》〜700万年前《まんねんまえ》
- 約《やく》30万年前《まんねんまえ》

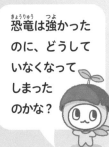

ちきゅう

いしで どうろに えを かけるのは なぜ？

ゆいちゃんの たからもの

「ただいま。」
おにいちゃんが、
えんそくから かえって きました。
「ゆい、みて ごらん。
ぼく、すごい いしを みつけたんだよ！」
おにいちゃんは ゆいちゃんの まえで
とくいそうに てを ひらきました。

クイズ

この いしは
なんページに
いる
かな？

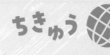

「ほら！　この　いし、　えが　かけるんだ。」
「うわあ　いいなあ。ゆいにも　かかせて。」
「だめだめ、　これは　ぼくの
たからものだもん。」
「おにいちゃんの　けちんぼ。
いいもん、　ゆいも　たからものの
いし　さがすから。」

ゆいちゃんは　さっそく
パパと　いちばん　ひろい
こうえんに　いきました。
「ゆいの　たからものに
なりたい　いしさん
あつまれー。」

ゆいちゃんが　じめんや
くさむらに　そっと
よびかけると……。

「ゆいちゃん、みてみて。
わたし、ねこちゃん
みたいでしょ？」
「ぼくなんて、こんなに
きれいな　いろだよ。」
「めずらしい　もようの
いしは　どうかな？」
ゆいちゃんの　てのひらには
たくさんの　いしが
あつまりました。

「ゆいが　たからものに　したい　いしは、
どうろに　えが　かける　いしだよ。」
「ええーっ、ぼくに　きずを　つけるの？」
「せっかくの　かたちが　くずれちゃう。」
いしたちは、とびおりて
かえって　しまいました。
あとに　のこったのは、
かどが　かけた　ちいさな　いしだけ。
ちいさな　いしは、
はずかしそうに　いいました。
「かたちは　きれいじゃ　ないけど、
ぼくは　えが　かける　いしなんだ。
ゆいちゃん、どうろに　かいて　みて。」

もっとたのしむヒント

主人公と同じように、石を探しに行ってみましょう。ひろった場所によって石の形や大きさなどが違うことに気づくはずです。「どうして大きさが違うんだろう。調べてみよう」と声をかけると、さらに関心を広げられます。

クイズのこたえ　137 ページ

ゆいちゃんは
いしを　もって
キュッ　キュッ
キコキコ
「あ！　すごい、
えが　かけたよ！
ようこそ、ゆいの
たからものさん。」
ゆいちゃんは、
うれしそうに　いしを
ポケットに　いれると、
スキップしながら
おうちに
かえりました。

もっと知《し》りたい!

石《いし》のかたさのこと

石《いし》で道路《どうろ》をきずつけたり、石自体《いしじたい》がけずれてできたつぶが道路《どうろ》についたりすることで、石《いし》で道路《どうろ》に絵《え》をかくことができます。どのような石《いし》が道路《どうろ》よりかたいのでしょうか？　見《み》てみましょう。

石《いし》のかたさと絵《え》がかけるしくみ

石《いし》のかたさによって、道路《どうろ》に絵《え》がかけるしくみはことなります。

道路《どうろ》よりかたい石《いし》をつかうと、道路自体《どうろじたい》がけずれてきずつくことで、絵《え》をかくことができます。いっぽう、道路《どうろ》よりやわらかい石《いし》をつかうと、石自体《いしじたい》がけずれてできたつぶが道《どう》路《ろ》のひょうめんにつくことで絵《え》をかくことができるのです。

かたい石《いし》

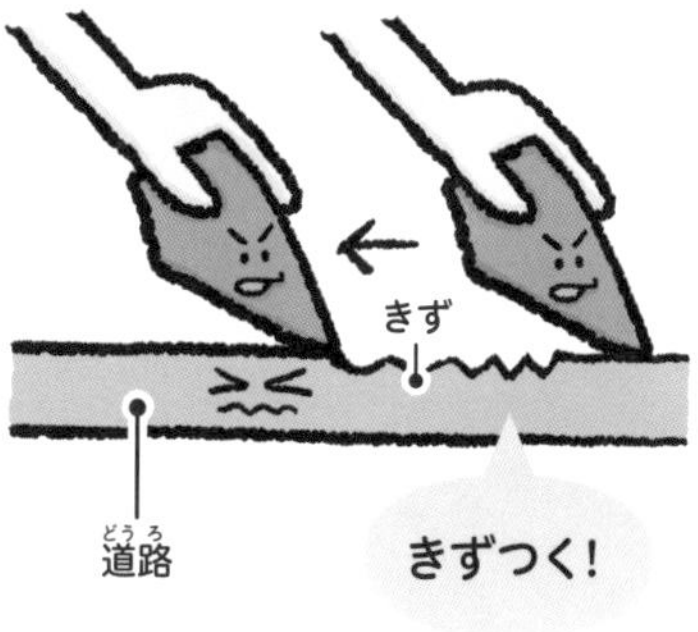
きず
道路《どうろ》
きずつく!

やわらかい石《いし》

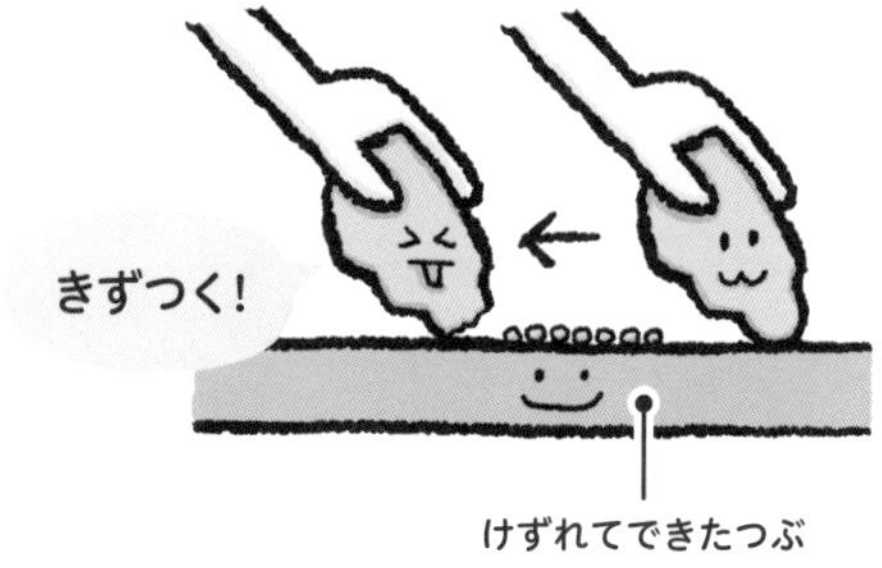
きずつく!
けずれてできたつぶ

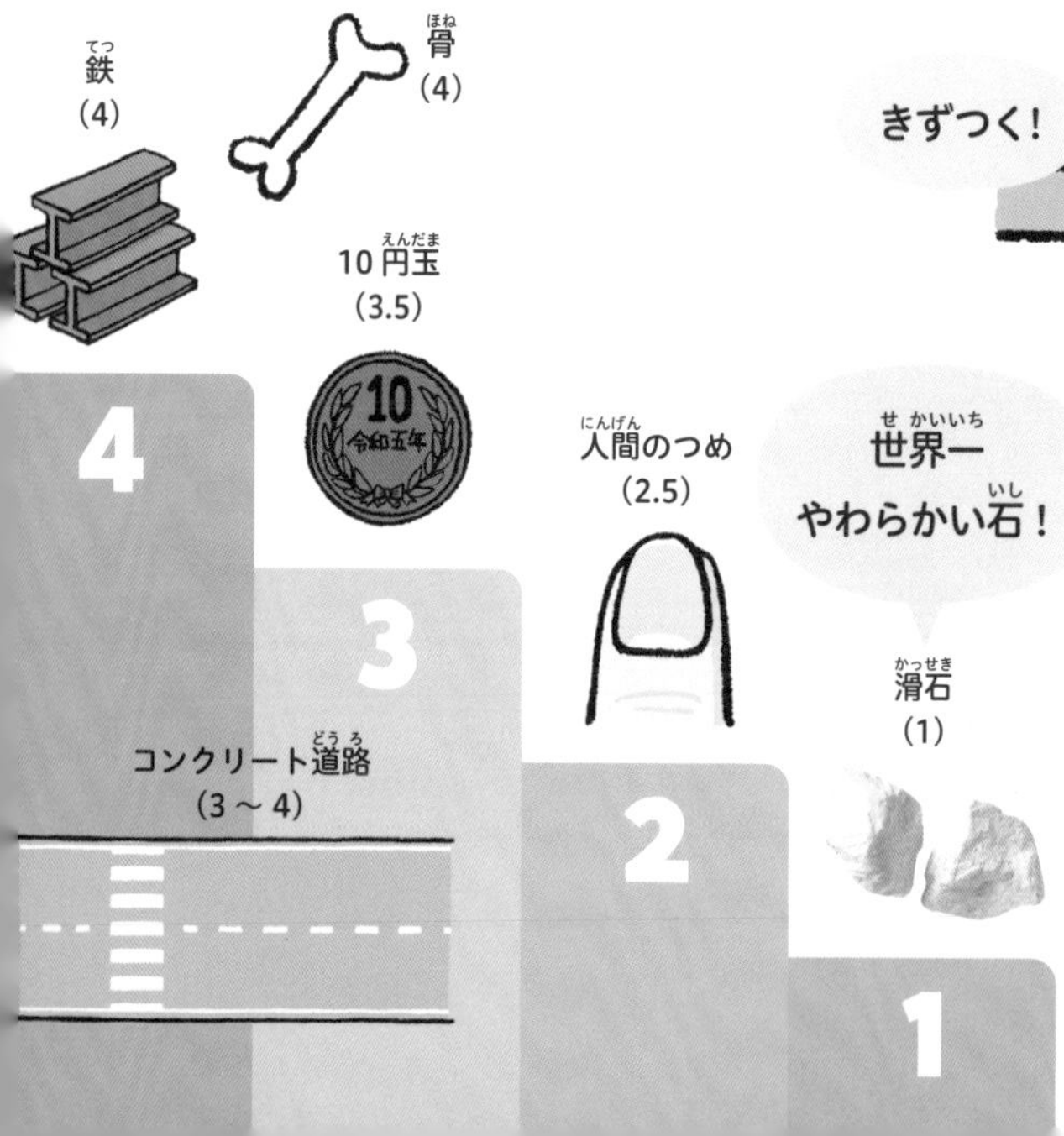
鉄《てつ》
(4)
骨《ほね》
(4)
10円玉《えんだま》
(3.5)
10
令和五年
4
3
人間《にんげん》のつめ
(2.5)
世界一《せかいいち》
やわらかい石《いし》！
滑石《かっせき》
(1)
コンクリート道路《どうろ》
(3 ～ 4)
2
1

チョークは道路《どうろ》にかけるけど、チョークって石《いし》なのかな？

※カッコの中にある数字は、モース硬度の数値です。かたいものほど数値が高くなります。

写真提供：滑石→株式会社ツムラ、
ダイヤモンド、ルビー、トパーズ→一般社団法人日本ジュエリー協会、
水晶→ photolibrary

かたさをはかるめやす

道路《どうろ》もふくめてすべての石《いし》は、「鉱物《こうぶつ》」とよばれる小《ちい》さなつぶがかたまってできています。かたまり具合《ぐあい》や鉱物《こうぶつ》の種類《しゅるい》によって、石《いし》のかたさはさまざまです。鉱《こう》物《ぶつ》のかたさをはかるめやすを「モース硬《こう》度《ど》」といいます。

モース硬度《こうど》をもとに、鉱物《こうぶつ》や身《み》のまわりのもののかたさをランキングにしました。数字《すうじ》が大《おお》きいものほどかたくなります。

世界一《せかいいち》
かたい石《いし》！

ダイヤモンド
(10)

10

ルビー
(9)

9

トパーズ
(8)

8

水晶《すいしょう》
(7)

7

人間《にんげん》のからだ
でいちばん
かたい部分《ぶぶん》！

歯《は》
(6～7)

6

ナイフ
(5.5)

5

親子《おやこ》でチャレンジ

マイ石《いし》アートであそぼう

川原《かわら》や公園《こうえん》などでひろった小《ちい》さな石《いし》をすきな形《かたち》にならべて絵《え》をつくってみましょう。水《みず》につけてみがくだけでも、石《いし》が光《ひか》ってきれいです。

カタツムリ
みたい

ひとかな？

ここ どこ だ?

まっくらな　なかに
しろい　だいち。
とおくに　みえる
あおい　やまが
きれいダネ!
ふしぎな　ばしょダネ!

ヒント❶
とくべつな
ふくを　きないと
そとに
でられないよ!

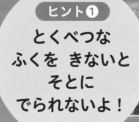

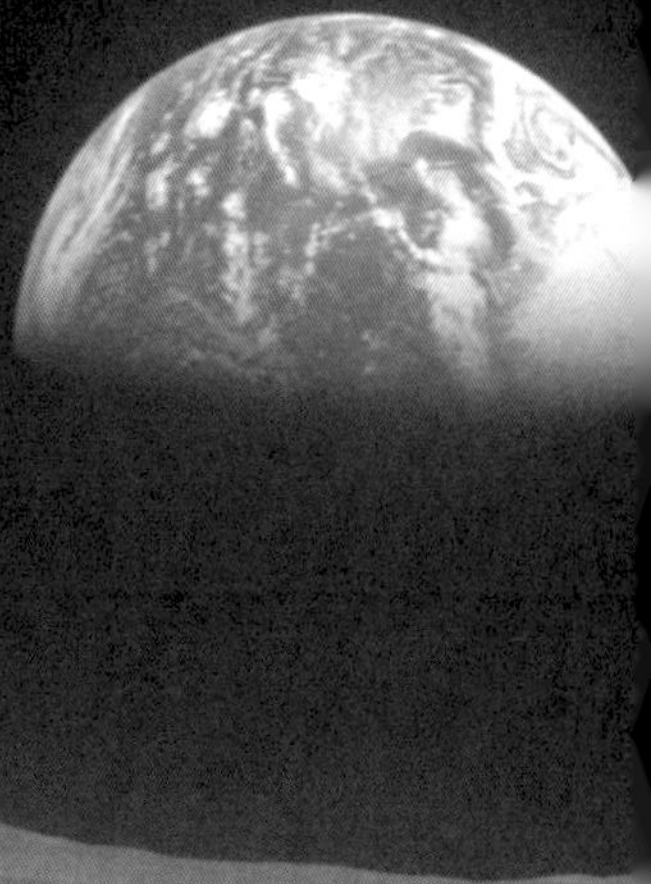

ヒント❷

ロケットで
いく ところ
だよ！

ヒント❸

すなが くずれにくい
せいしつが あり、
あしあとが しっかり
のこるよ！

もっとたのしむヒント

「青い山みたいに見えるのはなんだと思う？」「ここは夜なのかな？」など、声をかけて月や地球について関心を引き出しましょう。月がどんな場所か気になったら調べてみてもいいですね。

クイズのこたえ 月《つき》

 写真提供：P142 右下→ NASA/JSC、P142-143、P143 左下→ NASA

つきに　ウサギは　ほんとうに　いるの？

おつきさまの　おともだち

つきが　きれいな　よるです。
みーたは、うっとりと　ながめて　つぶやきました。
「おつきさまも　ぼくと
おなじ　ひとりぼっちだね。
おつきさまと　おともだちに　なりたいな。
そうだ！　おつきさまの
そばまで　いって　みよう。
そして、おともだちに　なろう、っていうんだ。」

クイズ

おはなしの
なかに　しまは
いくつ
でてくるかな？

おつきさまが　いるのは、うみの　むこうの　そら。
「ふねに　のったら、ちかくに　いけるかな？」
ボーッ　ボーッ
おおきな　ふねは、ひろい　うみを
ぐんぐん　すすんで　いきます。

みーたが　ふねの
うえに　でて　みると、
いろいろな　くにから　きた
どうぶつたちが
のって　いました。
いつもの　ように　おつきさまを
みあげると
「あれれ？　おつきさまの
なかに　なにか　いる　みたい。」

「あれは　ウサギだよ。」
みーたの　よこに　いた
トラネコが　こたえます。
「いやいや、あれは　ワニですよ。」
めが　くりくりした
イヌが　いいました。
「ちがう　ちがう。つきでは
ライオンが　ほえてるんだ。」
はでな　いろの　オウムが　さわぎます。
「やだねえ、つきに
いるのは　カニですよ。」
ヒツジの　おばあさんが　わらいます。

「おつきさまには　ワニが　いて
ライオンが　いて、
カニも　ウサギも　いるんだ。
それなら　おつきさまは
ぜんぜん　さびしくないね。
ひとりぼっちは、ぼくだけか。」
みーたは　がっかりして、
なみだが　ぽろぽろ。
すると、おつきさまは　ふいっと
くもの　なかへ。
「おつきさまは、ぼくが
きらいなのかな？」
みーたは　なきながら
へやに　とじこもって　しまいました。

「みーたくん、みーたくん、どうしたの？」
おほしさまたちが、まどから
やさしく　こえを　かけました。
「おほしさま、ぼく、ひとりぼっちどうしで
おつきさまと　おともだちに
なろうと　おもったの。

でも、おつきさまには
どうぶつが　たくさん　いて、
ぼくなんか　いらなかったんだ。」
「だいじょうぶ、おつきさまは　きっと
みーたくんと　おともだちに　なって　くれるよ。
それに、みーたくんだって
ひとりぼっちじゃない。
とびらの　ところを　みて　ごらん？」
みーたが　ふりかえると……

さっきの　どうぶつたちが、
しんぱいそうに　のぞいて　います。
「みーたくん、だいじょうぶ？
しんぱいしたんだよ。」
「あとで　いっしょに　ごはんを　たべよう。」
みーたの　あたらしい　おともだちです。
「みんな、しんぱいして
くれて　ありがとう！」

みーたは　げんきを　とりもどして、
みんなと　もういちど
ふねの　うえに　のぼりました。
「おつきさまーーー！」
みーたが　さけぶと、
すー　きらりん
おつきさまが　ひょっこり　くもの
なかから　かおを　だしました。
みーたは、おおきな
こえで　よびかけました。
「おつきさま、ぼくと
おともだちに　なって　くれる？」
すると、おつきさまは　にっこり。
きらきら　きらきら　すいーーー

みーたの　ところまで　ひかりの
おびの　ような　てを
のばして　くれました。
そっと　さわって、
おつきさまと　あくしゅ。

たくさんの　あたらしい
おともだちが　できて
みーたは　うれしそうに
にこっと　わらいました。

もっとたのしむヒント

お話を読んだら、お子さんと一緒に夜空の月を観察してみましょう。毎日観察していると、月の形がかわることに気づいて不思議に思うはずです。月の満ち欠けのしくみなど、一緒にお子さんと調べてみるとよいですね。

クイズのこたえ　5こ

もっと知《し》りたい!

月《つき》の見《み》え方《かた》のこと

日本《にほん》ではむかしから、月《つき》のひょうめんのもようがウサギの形《かたち》に見《み》えるといわれてきました。じつはこれは、月《つき》のひょうめんのでこぼこによるものです。月《つき》のようすを見《み》てみましょう。

クレーター

いん石《せき》などがぶつかってできたと考《かんが》えられている、月《つき》のくぼみ。

月《つき》のウサギの正体《しょうたい》は月《つき》の海《うみ》!?

月《つき》のひょうめんには、黒《くろ》っぽい岩石《がんせき》でおおわれたたいらな土地《とち》と、白《しろ》っぽい岩石《がんせき》でおおわれて、でこぼことした高《たか》い土地《とち》があります。黒《くろ》っぽい岩石《がんせき》でおおわれた、たいらな土《と》地《ち》は「月《つき》の海《うみ》」とよばれています。地球《ちきゅう》から月《つき》を見《み》たときに、ウサギなどの黒《くろ》いもようが見《み》えるのは、この月《つき》の海《うみ》の部分《ぶぶん》です。

同《おな》じ月《つき》のもようを見《み》ても、それをなににたとえるのかは、国《くに》によってちがう。

親子《おやこ》でチャレンジ

昼間《ひるま》の月《つき》をさがそう

月《つき》が半月《はんげつ》より大《おお》きいときは、昼間《ひるま》でも見《み》ることができます。国立天文台《こくりつてんもんだい》のホームページで、月《つき》が昼間《ひるま》どの方角《ほうがく》に出《で》るのかしらべて、さがしてみましょう。

写真提供：photolibrary

月《つき》のうらがわ

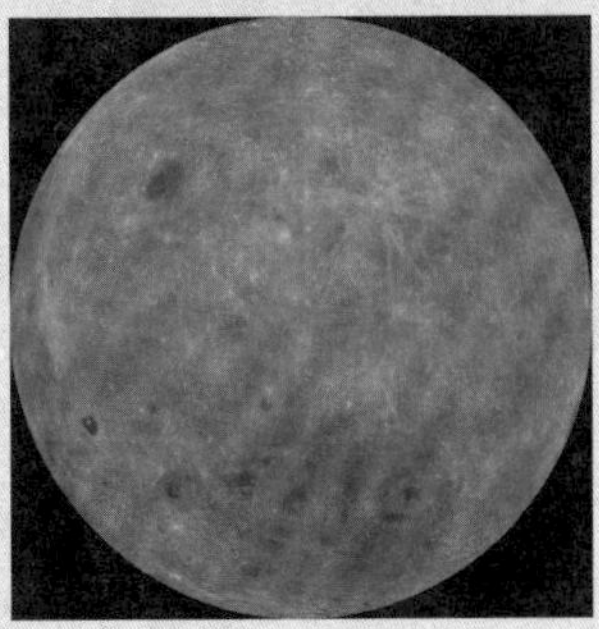

月《つき》はどうして光《ひか》るの？

地球《ちきゅう》から見《み》る月《つき》は光《ひか》って見《み》えますが、月《つき》そのものが光《ひか》っているわけではありません。月《つき》は、かがみのように太陽《たいよう》の光《ひかり》をはねかえしていて、その光《ひかり》を地球《ちきゅう》にいるわたしたちが見《み》ているから、光《ひか》って見《み》えるのです。

月《つき》
太陽《たいよう》の光《ひかり》
地球《ちきゅう》
光《ひかり》
はねかえす

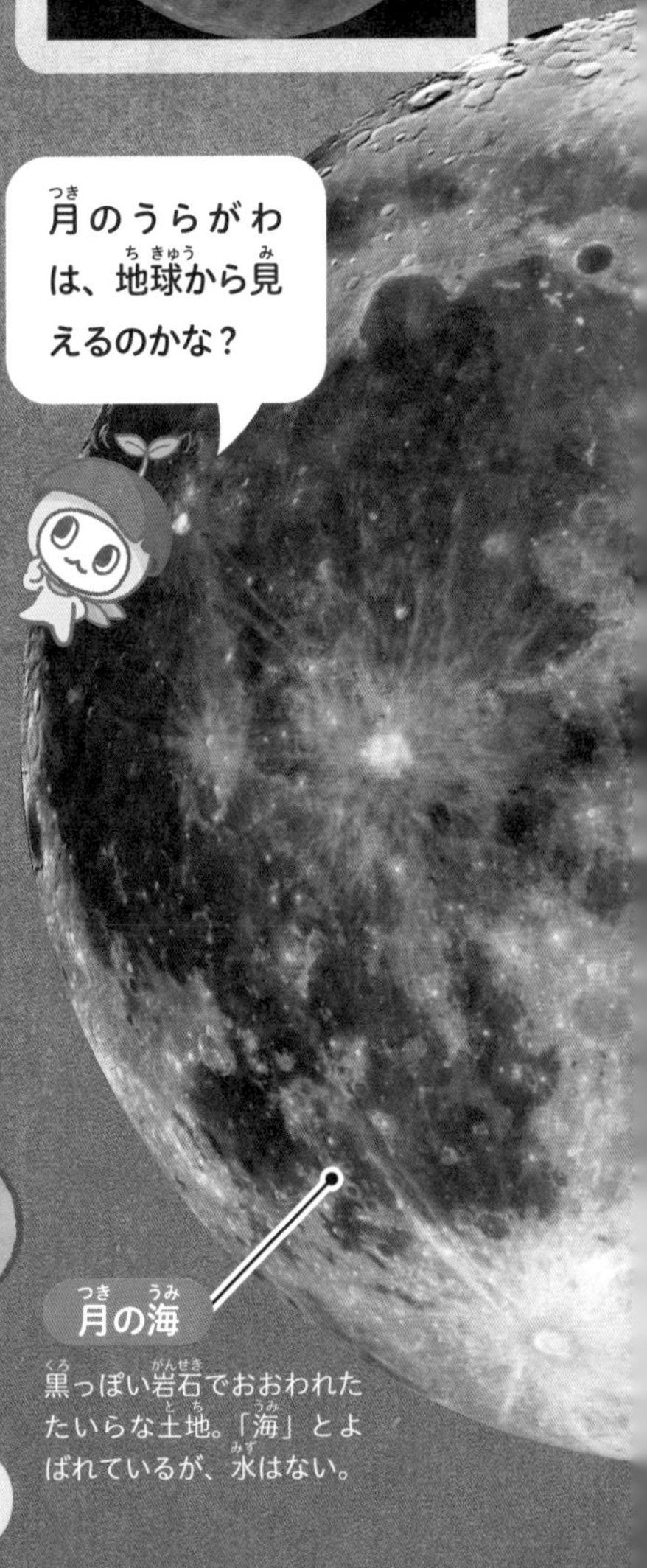
月《つき》のうらがわは、地球《ちきゅう》から見《み》えるのかな？

月《つき》の海《うみ》

黒《くろ》っぽい岩石《がんせき》でおおわれたたいらな土地《とち》。「海《うみ》」とよばれているが、水《みず》はない。

写真提供：月のおもて→NASA/JPL/USGS、月のうら→NASA、クレーター→NASA

せは　どうして　のびるの？

からだけんせつがいしゃ　ホーネホネ

かっくんは　おとうさんの　こどもの　ころの
しゃしんを　みて　いました。
「これが　おとうさん？　ちいさいね。
どうやって　おおきく　なったの？」
「ははは。いっぱい　ねたからだよ。
さあ、かっくんも　はやく　ねようね。」

クイズ

おはなしの
なかに　ほしの
もようは　なんこ
でてきたかな？

「どうして　はやく　ねないと
おおきく　なれないのかな……。
ムニャ　ムニャ……。」
かっくんは　もう　ゆめの　なか。

なにやら　おとが　きこえて　きました。

「なんだろう？」
かっくんが
おとの　する　ほうへ
いくと、かんばんが
ありました。

「おや、ここは　どこ？
あなたは　だれ？」
「なにを　ねぼけて
いるんだ？
わしは　ハコッツ。
きょうの　げんばは　ひざの
ほねだと　いっただろう。
はやく　しごとを
おぼえろ。」
あらあら　かっくんは
さぎょういんと
まちがわれた　みたい。

ハコッツに　つれて
こられた　かっくんは、
はたらいて　いる
ひとを　みつけました。
「おれ、コツガー。
ほねの　こわれた　ところや
もろく　なって
いる　ところを　なおすんだよ。」
ペッタペッタ
「わあ、じょうずだね。」

すると、さっき　コツガーが
ぬった　ところに
ハコッツが　やって　きて、
こわしはじめました。
「やめて　やめて！
せっかく　コツガーが
なおしたのに！」
「こらっ。じゃまを　するな。」

ところが　コツガーは　にっこり。
「じょうぶで　おおきな　ほねに
つくりかえる　ために
わるい　ところを
こわしてから　なおすんだよ。」
ハコッツも　にんまり。
「ほねの　つくりかえは
ねている　あいだに　やるのが
いちばんなんだ。」

「えーっ、そうなの!?」
かっくんは　びっくり。
「うん。だから　こわれた　ところを
いっしょに　なおそう。」

ガガガ　ドドド　ペッタペタ
ガガガ　ドドド　ペッタペタ
♪けんせつがいしゃホーネホネ
つよくて　いい　ほね
おまかせ　ください♪

「はあ、つかれた。なんだか
ねむく　なっちゃった……スヤスヤ。」

つぎの　ひの　あさ。ゆめから　さめた
かっくんは　せんめんじょに
いきました。おとうさんが
かっくんを　みて　いいました。
「おや、また　せが　のびたんじゃない？」
「ほんとう？　きっと　あの　ゆめが
ほんとうだったからだね。」
と、かっくんは　おもいました。

もっとたのしむヒント

「体の中で、ハコッツやコツガーが頑張っているね」と声をかけると、自分の体への関心が広がります。また、「ハコッツやコツガーのほかに、お腹で働いている人がいたね。だれかな？」など、「おなかガードマン」の話に関連させてもいいですね。

クイズのこたえ 6こ

もっと知《し》りたい！

骨《ほね》と成長《せいちょう》のこと

子《こ》どもには、やわらかい骨《ほね》がたくさんあります。この骨《ほね》をこわしたり、直《なお》したりをくりかえすことで骨《ほね》が大《おお》きくなって背《せ》がのびます。背《せ》がのびるために必要《ひつよう》なことは、なんでしょうか？

大人《おとな》になったら、はこつさいぼうとこつがさいぼうはなにをしているんだろう？

じょうぶな骨《ほね》をつくる2種類《しゅるい》のさいぼう

骨《ほね》をはじめ、いきもののからだは「さいぼう」とよばれる小《ちい》さなものがあつまってできています。子《こ》どもの骨《ほね》のはしには、やわらかい「軟骨《なんこつ》」とよばれる部分《ぶぶん》がたくさんあります。骨《ほね》のはしにある軟骨《なんこつ》が「はこつさいぼう」と「こつがさいぼう」という2種類《しゅるい》のさいぼうによって、つくりかえられることで背《せ》がのびるのです。

❷ 骨《ほね》のはしにある軟骨《なんこつ》では、はこつさいぼうとこつがさいぼうがはたらいていて、どんどん外《そと》がわへのびていく。

❶ 軟骨《なんこつ》では、はこつさいぼうが骨《ほね》をとかしている。こつがさいぼうは、はこつさいぼうがとかした部分《ぶぶん》に新《あたら》しい骨《ほね》をつくる。

はこつさいぼうとこつがさいぼうによってつくりかえられてできた骨《ほね》は、時間《じかん》がたつにつれてかたくなる。

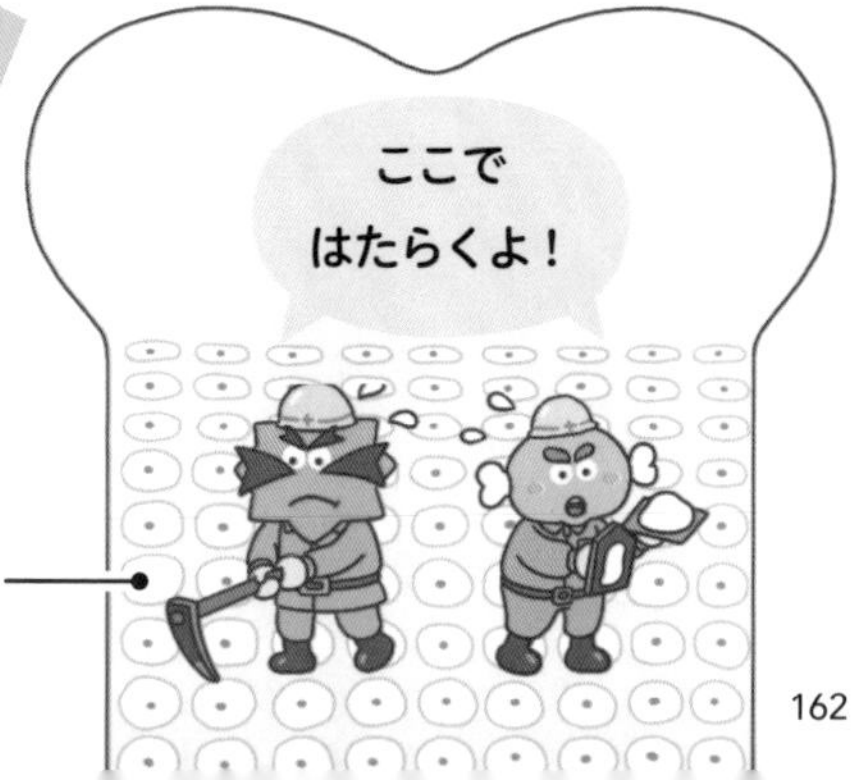

軟骨《なんこつ》

成長《せいちょう》にかかせないこと

背《せ》がのびて、じょうぶなからだをつくるためには、ねむることがとても大切《たいせつ》です。また、そのほかにも食《た》べものから、からだが成長《せいちょう》するために必要《ひつよう》な栄養《えいよう》をとったり、外《そと》でからだをうごかして骨《ほね》をきたえたりすることも大切《たいせつ》です。

ねむる

ねているあいだは、こつがさいぼうや、はこつさいぼうのはたらきをたすける「成長《せいちょう》ホルモン」というものが出《で》やすい。よくねむることが大切《たいせつ》。

栄養《えいよう》

骨《ほね》をじょうぶにするには、バランスのよい食《しょく》事《じ》が大切《たいせつ》。とくに、牛《ぎゅう》乳《にゅう》にあるカルシウムや魚《さかな》に多《おお》いビタミンD《ディー》、海《かい》そうややさいに多《おお》いビタミンK《ケー》などの栄養《えいよう》をとるとよい。

運動《うんどう》

太陽《たいよう》の光《ひかり》をあびてかるい運動《うんどう》をすると、骨《ほね》をじょうぶにするビタミンD《ディー》がふえる。

③ 大人《おとな》になるにつれて、はしにあった軟骨《なんこつ》がなくなり、こつがさいぼうとはこつさいぼうのはたらきがおちつき、骨《ほね》の成長《せいちょう》が止《と》まる。
できた！

サクラは　なぜ　はるに　なると　さくの？

はなめの　きょうだい　はるを　まつ

なつの　ひ、
こうえんの　さくらです。
はなが　ちったあと
はっぱが　しげり、
ひかりを　あびて、
えいようを　たっぷり
とりました。
おやおや、もう　はなめの
きょうだいが
うまれたようですよ。

クイズ

この
きょうだいは
なんページに
いるかな？

あきに　なりました。
「ねえ、おねえちゃん。
もう、さいて　いいかな？」
おとうとが　いいました。
「まだよ。みて　ごらん。かぜが　ふいて
いるでしょう。はっぱも　おちて　いる。
しばらく　ねて　まちましょう。」
「うん、わかった。ぼく、ねて　まつね。」

やがて　ふゆに　なりました。
「ねえ、もう　さいて　いい？」
「まだだよ。さむく　なったでしょう。
いま　さいたら、こおって　しまうのよ。
このふゆの　さむさに　たえたら、
りっぱな　はなを　さかせられるわ。
だから　もうすこし　まちましょう。」
「うん、わかった。
もう　すこし　まつね。」

ふゆが　おわりに
ちかづきました。
あたたかい　ひざしが
はなめを　てらします。
さきに　おとうとが
めを　さましました。
「おねえちゃん。おきて。
ねえ、もう　さいて
いいでしょう？」
「そうね。」
やがて　はなの　めは
つぼみとなり、
どんどん　ふくらんで……。

そうして　やっと
その　ときが　きました。
あつい　なつ、　はっぱの
おちる　あき、　さむい　ふゆ。

もっとたのしむヒント

花芽は、木などの植物の茎や枝にできる芽で、成長すると花になります。サクラ以外にも、いろいろな植物の花芽があるので、おでかけ先で植物を見るときはぜひ注目してみてください。

クイズのこたえ　169ページ

それを　すごして　やって　きた　はる。
はなめの　きょうだいたちは
こんなに　きれいな
さくらの　はなに　なりました。

もっと知《し》りたい！

季節《きせつ》と植物《しょくぶつ》のこと

春《はる》にサクラがさくのは、温度《おんど》や太陽《たいよう》にてらされている時間《じかん》など、花《はな》がさくための条件《じょうけん》がそろうからです。しかし、サクラとはさく時期《じき》がちがう植物《しょくぶつ》もあります。植物《しょくぶつ》の１年《ねん》を見《み》てみましょう。

植物《しょくぶつ》の1年《ねん》

同《おな》じ植物《しょくぶつ》でも、草《くさ》か木《き》かで１年《ねん》のすごし方《かた》はかわります。草《くさ》は、一年草《いちねんそう》、多年草《たねんそう》、越年草《えつねんそう》に、木《き》は広葉樹《こうようじゅ》と針葉樹《しんようじゅ》に分《わ》けられ、それぞれ、季節《きせつ》によるすがたがちがいます。

春《はる》

- スギ（針葉樹《しんようじゅ》）
葉《は》は緑《みどり》のまま。
- ススキ、ユリ（多年草《たねんそう》）
地下茎《ちかけい》から
芽《め》がのびる。
- アサガオ（一年草《いちねんそう》）
芽《め》が出る。
- タンポポ（越年草《えつねんそう》）
花《はな》がさく。
- サクラ（広葉樹《こうようじゅ》）
花《はな》がさく。

夏《なつ》

- スギ、サクラ※
葉《は》は緑《みどり》のまま。
- ススキ
くきがのびる。
- ユリ、アサガオ
花《はな》がさく。
- タンポポ
綿毛《わたげ》（タネ）をとばしたあと、かれて地下茎《ちかけい》だけになる。

※サクラの多くは、別の種類のサクラの木から花粉がもらえたときに実をつける性質があります。

サクラは秋《あき》になると
なんで葉《は》っぱの色《いろ》が
かわるのかな？
ふしぎダネ！

親子《おやこ》でチャレンジ

フィールドビンゴ※をしよう

9マスの表《ひょう》に「ちくちくしたもの」「木《き》の実《み》」などをかいてビンゴをつくり、自然《しぜん》のなかでさがします。季節《きせつ》のうつりかわりをかんじてみましょう。

※フィールドビンゴは公益社団法人日本シェアリングネイチャー協会（https://www.naturegame.or.jp/）の登録ネイチャーゲームです。

秋《あき》

- スギ
葉《は》は緑《みどり》のまま。
- ススキ
花《はな》がさく。
- ユリ
花《はな》がかれる。
- アサガオ
タネができる。
- タンポポ
葉《は》が出《で》る。
- サクラ
葉《は》が紅葉《こうよう》する。

冬《ふゆ》

- スギ
葉《は》は緑《みどり》のまま。
- ススキ
葉《は》と根《ね》だけがのこる。
- ユリ
球根《きゅうこん》で冬《ふゆ》をこす。
- アサガオ
タネで冬《ふゆ》をこす。
- タンポポ
葉《は》と根《ね》だけがのこる。
- サクラ
葉《は》が落《お》ちる。

ジェットコースターが　さかさまに　なっても　おちないのは　なぜ？

ゆうえんちの　ようせい

たのしい　はずの　ゆうえんちで
はるとくんは　ないて　いました。
はるとくんを　なぐさめながら
おねえちゃんは　おとうさんと
おかあさんを　さがして　います。
まいごに　なった　ふたりの
ところへ　やじるしマークの
ふくを　きた　ふしぎな
おんなのこが　やさしく
はなしかけて　きました。

クイズ

あかい　ふうせんは
なんページに
でて　くるかな？

「わたしは　エン・シンリョーク。
エンって　よんでね。
かわいそうに　まいごに　なったのね。
だいじょうぶ。
わたしは　ゆうえんちの　のりものを
おもしろくする　ようせいなの。
のりものに　のりながら
いっしょに
さがしましょう。」

まずは、ジェットコースターよ！」
「え〜、いやだ！　あんな
たかい　ところから
おちたら　どうするの？」
「だいじょうぶ、みてて！」
エンは　ジェットコースターを
おおきく　ぐる〜ん、ぐる〜ん、ちいさく
ぐる〜んと　ひっぱります。
「ね！　だいじょうぶでしょ。」

「つぎは　コーヒーカップ。
みんなで　くっついて
のると　スリル　まんてんよ！」
エンは　コーヒーカップを
ぐるぐる　ぐるーんと　ひっぱります。
「もう、ぼくは　おとうさんと
おかあさんを　さがして　いるの！
みつからないと　のりもの　なんか　たのしめないよ。」
「ごめんなさい、それなら　いい　ところが　あるわ。」

エンは　ふたりを　かんらんしゃに　のせました。
「ここなら、ゆうえんちを　みわたせるでしょ。」
たかい　ところから
ゆうえんちを　みわたすと、
おとうさんと　おかあさんを
みつける　ことが　できました。

「おとうさん、おかあさん！」
「ごめんね、ふたりとも。
みつかって　よかったわ。」
「あのね、エンちゃんって
こが　いてね……。あれ？」
ふりかえると　エンの　すがたは
もう　ありません。

ゆうひが　しずむ
かんらんしゃの　ほうから
「また、あそぼうね。」と
エンの　こえが　きこえた
ような　きがしました。

もっとたのしむヒント

ジェットコースター以外に、コーヒーカップや観覧車でも遠心力が働いています。遠心力に興味をもったら、電車やバスに乗っているとき、外側に引かれるように感じるといった遠心力の例を思い出すと、さらに理解が深まります。

クイズのこたえ　177 ページ

もっと知《し》りたい!

目《め》に見《み》えない遠心力《えんしんりょく》のこと

まわっているものが、円《えん》の中心《ちゅうしん》から外《そと》へとび出《だ》そうとする力《ちから》を「遠心力《えんしんりょく》」ということがあります。この力《ちから》がはたらくおかげで、ジェットコースターがさかさまになっても、落《お》ちなくてすむのです。

遠心力《えんしんりょく》と重力《じゅうりょく》

木《こ》の葉《は》が落《お》ちるとき、かならず下《した》にむかって落《お》ちます。これは、目《め》には見《み》えませんが、地球《ちきゅう》の中心《ちゅうしん》にむかって引《ひ》っぱる「重力《じゅうりょく》」という目《め》には見《み》えない力《ちから》がはたらいているからです。ジェットコースターにも重力《じゅうりょく》ははたらいていますが、はやくまわることで、それよりも円《えん》の中心《ちゅうしん》から外《そと》へとび出《だ》そうとする遠心力《えんしんりょく》が強《つよ》くはたらいているので、さかさまになっても落《お》ちることはありません。

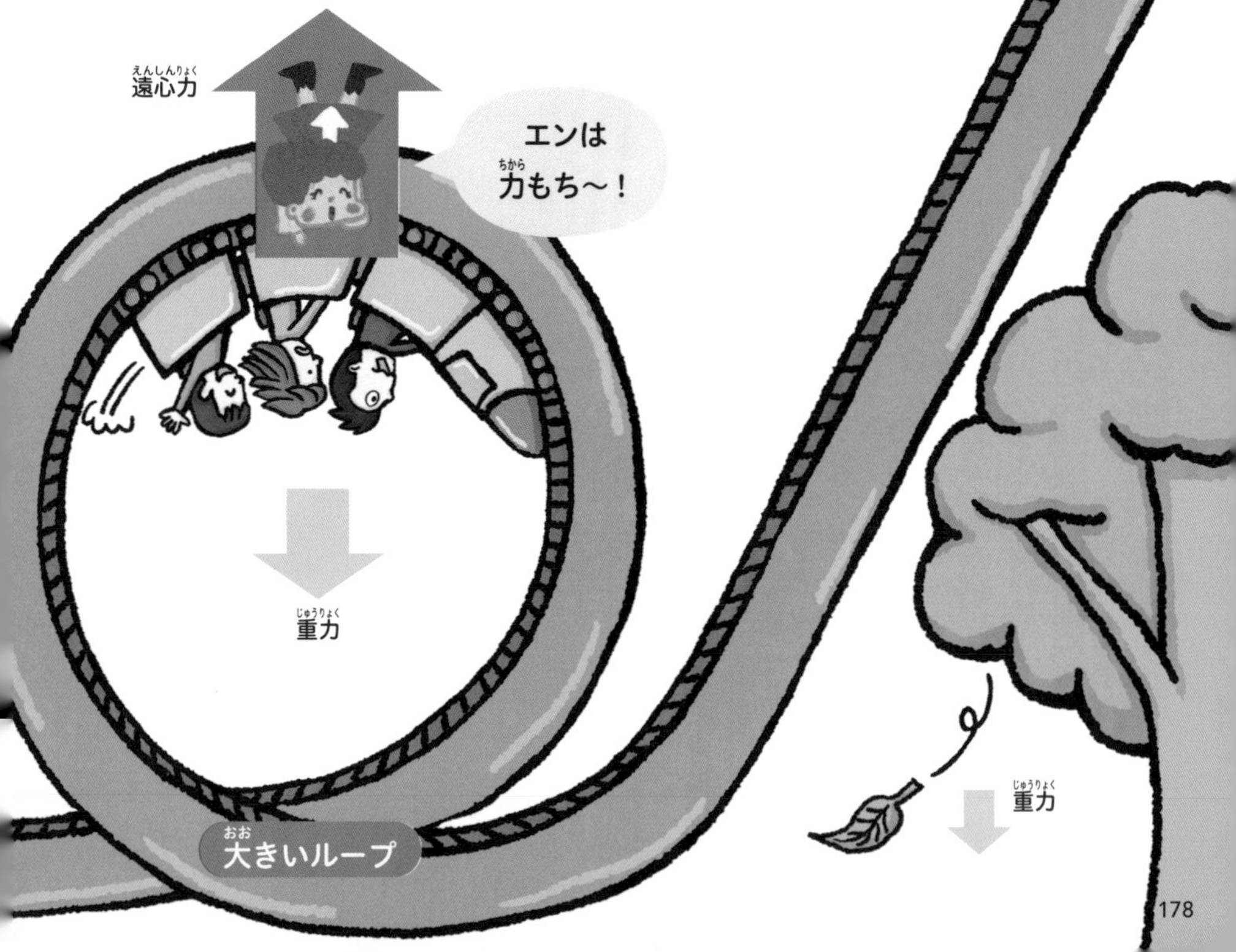

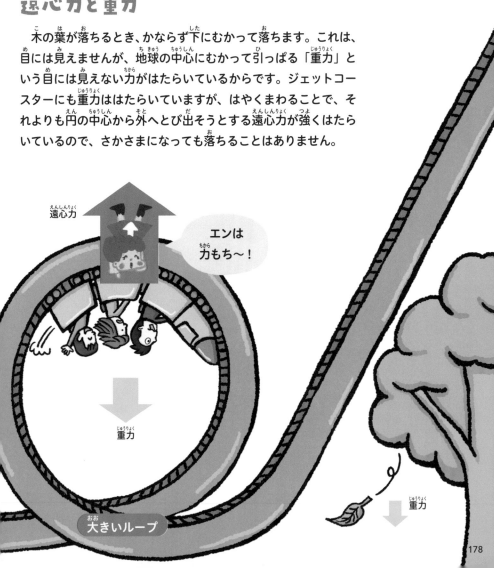

親子《おやこ》でチャレンジ

遠心力《えんしんりょく》をかんじてみよう

目《め》には見《み》えない遠心力《えんしんりょく》ですが、みぢかなものをつかうことで遠心力《えんしんりょく》をかんじることができます。

❶ペットボトルで！

ペットボトルの３分《ぶん》の1くらい水《みず》を入《い》れてからふたをしめ、底《そこ》をテーブルの上《うえ》においたまま円《うえ》をかくようにまわしてみましょう。スピードをあげるごとに、遠心力《えんしんりょく》によって水《みず》が上《あ》がってくることがわかります。

❷走《はし》って！

大人《おとな》になわとびなどのロープのはしをもってもらいます。もういっぽうのはしをもったら、ロープをピンとはった状態《じょうたい》で、その人《ひと》のまわりを走《はし》ってみましょう。外《そと》がわへとび出《だ》す遠心力《えんしんりょく》の力《ちから》をかんじることができます。

遠心力《えんしんりょく》をつかった道具《どうぐ》

わたしたちの生活《せいかつ》のなかには、遠《えん》心力《しんりょく》をつかったさまざまな道具《どうぐ》があります。たとえば、せんたくきは遠《えん》心力《しんりょく》をつかって、せんたくもののよごれや水分《すいぶん》をとりのぞいています。

せんたくそうを回《かい》てんさせてできた遠心力《えんしんりょく》で、せんたくものについているよごれをとりのぞく。せんたくものをすすぐときは、遠心力《えんしんりょく》で水《すい》分《ぶん》をせんたくそうの外《そと》がわにとばす。

大《おお》きいループよりも小《ちい》さいループのほうがはやく回《かい》てんするので、小さいループのほうが遠心力《えんしんりょく》は強《つよ》くなる。

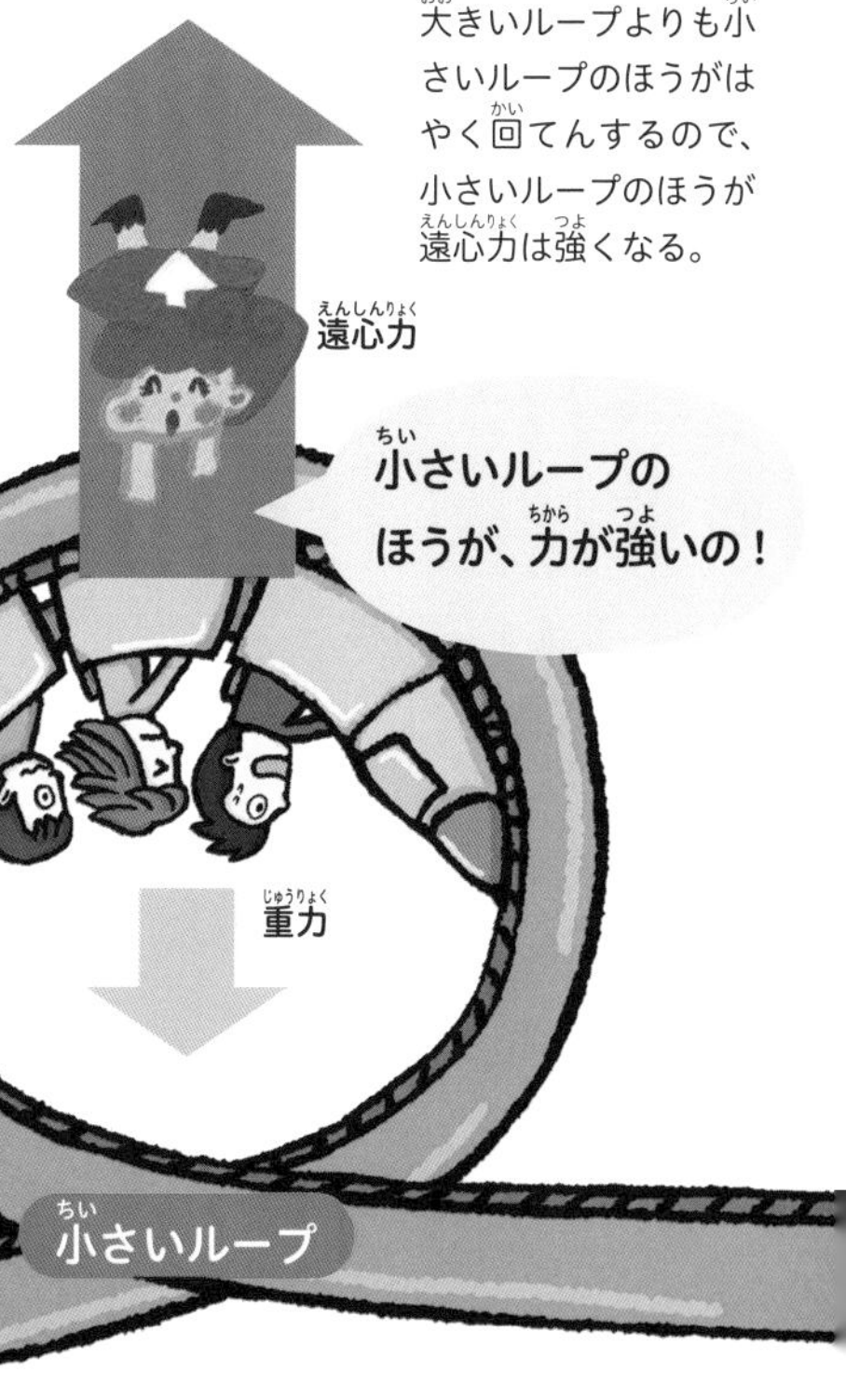

ジェットコースターの前《まえ》にのるのと後《うし》ろにのるの、きみはどっちがこわいと思《おも》う？

どうして　においを　かんじるの？

ツンツン　クンクン　いいにおい

ぽかぽかと　あたたかい　ひ。
かおりの　こびとたちが　ふわふわ
うかんで　おしゃべりを　して　いました。
「みて、かぞくづれが　きたよ。」
「ほんとうだ。イヌも　いるわね。」
「いたずらしちゃおう！」

クイズ

この
こびとは
なんページに
いるかな？

「ねえねえ、ぼくに　きづいて！」
さいしょに
きの　かおりの　こびとが
おかあさんの　はなを　ツンツン。
すると　おかあさんは
はなを　クンクンさせて、
「わあ、きの　かおりが
きもちいいわ。ここで
ピクニックに　しましょう。」
といって、おべんとうを
ひろげました。

いその　かおりの　こびとは
おとうさんの　はなを
ツンツン。
「おや、うみが　ちかいのかな？」
おとうさんは　あたりを
みまわしました。
はなの　かおりの　こびとが
おとこのこの　はなを
ツンツンすると、
「いい　におい。　みて！
きれいな　おはなだよ」

とつぜん　あまぐもが　あらわれました。
うまれた　ばかりの　あめの　かおりの
こびとが　おとこのこの　はなを　ツンツン。
けれども　まだ　かおりが　よわくて、
なかなか　きづいて　もらえません。

そこで、あめの　かおりの
こびとは　イヌの
はなに　かぶさりました。
「キャンキャーン！」
イヌは　おどろいて、
かけだして　しまいました。
「どうしたの？
まって　まって！」
おとこのこが　イヌに
ひっぱられたので
みんなも　あわてて
おいかけました。

あめが　ざあざあ　ふって
きました。みんなで　あまやどり。
「ああ、あめの　かおりが　するね。」
おとこのこが　はなを　クンクンさせました。
「いろいろな　かおりに　きづいて　くれたね。」
とおくから　こびとたちが　うれしそうに
みつめて　いました。

もっとたのしむヒント

目をつぶって、お子さんにどんなにおいを感じるか聞いてみましょう。身のまわりにさまざまな香りがあふれていることに気づくことができます。

クイズのこたえ　182ページ

もっと知《し》りたい！

かおり・においのこと

木《き》のかおりや海《うみ》のかおりなど、身《み》のまわりはさまざまなかおり（におい）であふれていますが、どのにおいも正体《しょうたい》は目《め》には見《み》えないくらい小《ち》さなつぶです。わたしたちは、鼻《はな》でそのつぶをかぎ分《わ》けています。

においをかんじるしくみ

においのもととなるつぶが鼻《はな》に入《はい》ると、鼻《はな》のおくにある嗅神経《きゅうしんけい》とつながるさいぼうにくっつきます。すると、においの情《じょう》報《ほう》が脳《のう》へとおくられ、脳《のう》でそれがなんのにおいなのかを判断《はんだん》します。こうして、わたしたちはさまざまなもののにおいをかんじています。

③ 脳《のう》で「〇〇のにおいだ」と判断《はんだん》する。
脳《のう》
② 鼻《はな》のおくにある嗅神経《きゅうしんけい》とつながるさいぼうにつぶがくっつき、においの情報《じょうほう》が脳《のう》におくられる。
嗅神経《きゅうしんけい》
① 鼻《はな》ににおいのもととなるつぶが入《はい》る。
イヤ！

イヌは、人間《にんげん》よりも鼻《はな》がすぐれている。おはなしのなかでイヌが雨《あめ》のにおいに気《き》づけたのは、すぐれた鼻《はな》のおかげ。ミカンのように、人間《にんげん》にとってさわやかなにおいも、イヌにとってはしげきの強《つよ》いにおいになる。

いいにおいとくさいにおいはなにがちがうの？

おならと花《はな》に同《おな》じ
においのつぶがある
なんてびっくりダネ！

わたしたちは、花《はな》はいいにおいとかんじて、おならやうんちはくさいにおいだとかんじます。しかし、おならのにおいのもととなるイオウやインドール、スカトールなどのにおいのつぶは、じつは食《た》べものや花《はな》などにもふくまれているのです。それらをくさいとかんじないのは、おならなどにくらべると、においのつぶのこさがうすいからです。

また、そのにおいにたいして、「よいものだ」という経験《けいけん》があるかによっても、においのかんじ方《かた》はかなりかわります。

温泉《おんせん》のにおいは、おならのにおいのもとであるイオウなどの成分《せいぶん》がこくてくさいが、からだによいものだと知《し》っているので、たえられる場合《ばあい》が多《おお》い。

おならのにおいは、はじめはくさいけど、どんどんくさくなくなるよね。ふしぎダネ！

日本人《にほんじん》にとってはなじみのあるたくあんのにおいは、外国人《がいこくじん》にとってはなじみがないため、くさいとかんじることもある。

※ここでいうイオウは、硫黄化合物も含めています。

こんなに
ちいさい!

①

これ な〜んだ?

②

③

こんなに
ちいさい!

とても
そっくり!

⑤ ④

あかや　あお
みどり……。
どれも
きれいダネ!

もっとたのしむヒント

掲載しているタマゴの大きさは、実際の大きさとほぼ同じです。手をかさねて大きさの違いを楽しみましょう。どうしてこのような色や形なのか、気になったら調べてみるのもいいですね。

クイズのこたえ とりの　タマゴ

ヒント

❻は
スーパーマーケットで
みかけるね。
みんなも よく
たべて いるよ！

❻

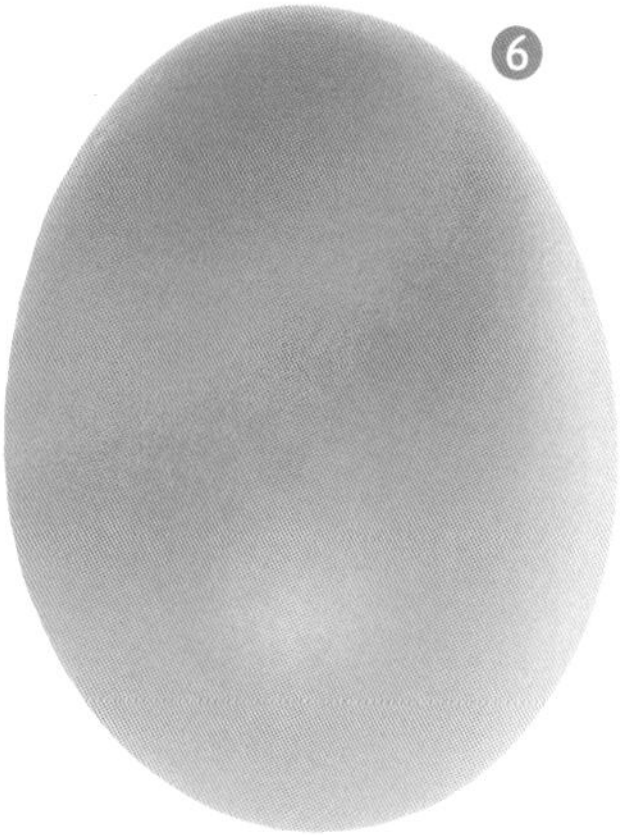

❼

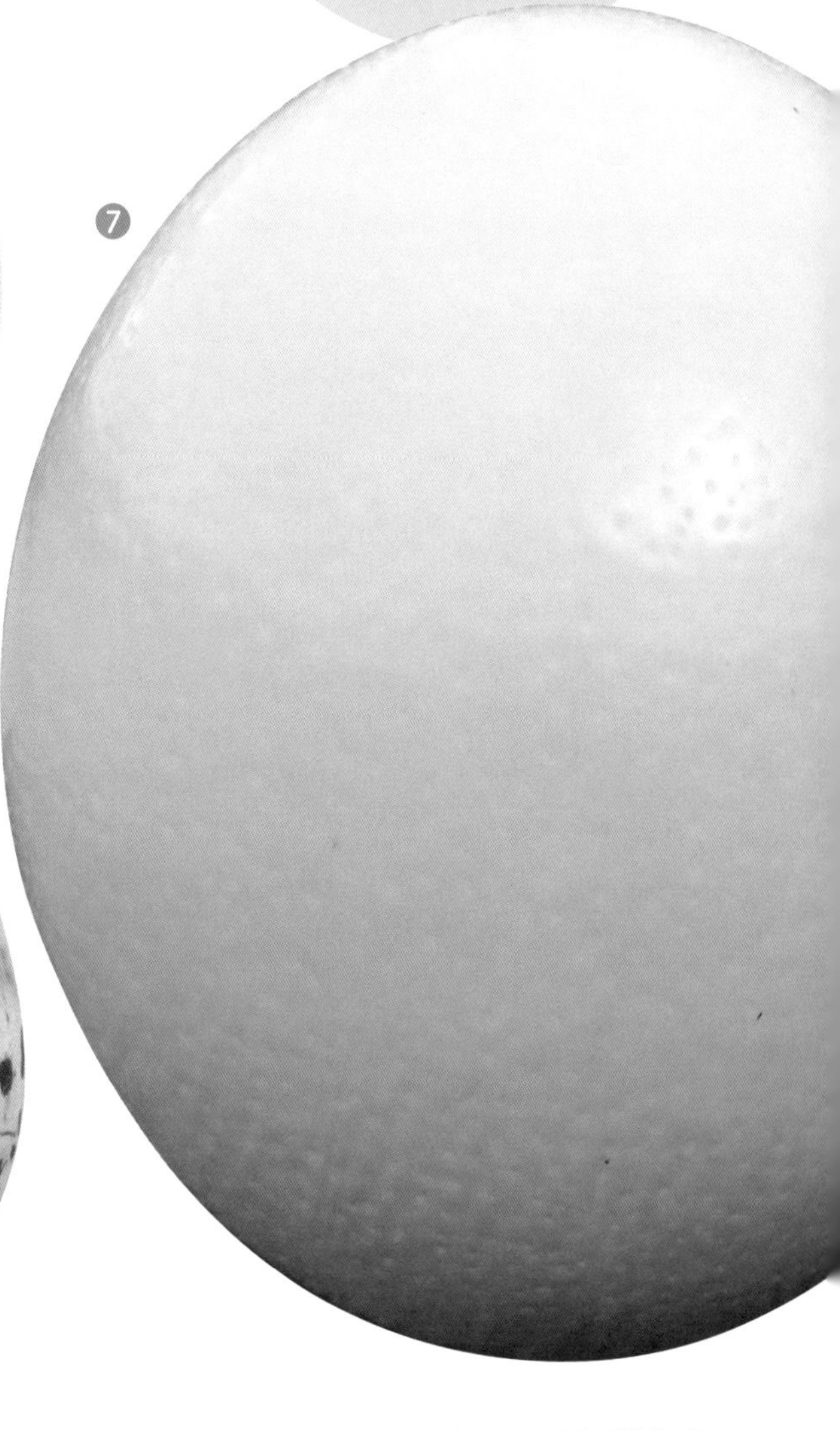

❽

写真提供：❶エナガのタマゴ、❹ウグイスのタマゴ、❺ホトトギスのタマゴ、❽ウミガラスのタマゴ→大阪市立自然史博物館、❷エミューのタマゴ、❼ダチョウのタマゴ→ブログ あうるの森、❸ムクドリのタマゴ→浅賀宏昭（明治大学）、❻ニワトリのタマゴ→ photolibrary

たまごを　ゆでると　かたまるのは　なぜ?

あおぞらピクニック

ここは　くらい　れいぞうこの　なか。
ひそひそと　おしゃべりして
いるのは　たまごたちです。
「あしたは　ピクニック。たのしみだな。」
たっちゃんは
ウキウキして　いいました。
「ぼくたち　どんな　りょうりに
なるんだろうね。」たっちゃんは
ともだちと　いっしょに
ドキドキしながら　ねむりました。

たまちゃん
ゴッチン
まあくん
ごうくん
たっちゃん
まっちゃん

クイズ

おはなしの　なかに
ほしの　にんじんは
なんこ　ある？

ガチャ。

れいぞうこが　あきました。
まぶしい　あさひが
たまごたちを　てらします。
パパが、　たまごたちを
パックごと　とりだしました。

まずは　ゴッチンと　たまちゃんが
おゆの　なかに　いれられます。
「あったかくて　きもちいいな。」
ゴッチンと　たまちゃんの　からの　なかは
ふわふわと　うごいて　いました。
「あ、なんだか　かたまって　きた　みたい。」
ママは　ゴッチンと　たまちゃんを
こおりみずで　ひやして、
からを　むきました。
ゆでたまごの　かんせいです。
まあくんと　まっちゃん、ごうくんは
さきに　からを　わられ、
ボウルの　なかで　かきまぜられました。

つぎに　パパは　グリーンピースを
いれて、フライパンの　うえで
まあくんたちを　くるくる　まきます。
グリーンピースの　たまごやきが
できました。
たっちゃんは　うらやましそうに
みて　います。
「みんな、おいしそうな　おかずに
なれて　いいなあ。」

つぎに　ママは　たっちゃんに　てを　のばします。
「あっ。」
ママの　てが　すべって、たっちゃんは
おさらの　そとに　おちて　しまいました。
「からに　ひびが　はいった！
ぼくは　もう　おいしい
おりょうりに　なれないよ。」
たっちゃんは　かなしくて
なきだします。
たくさん　ないた　たっちゃんは
ねむって　しまいました。

ママは　そんな　たっちゃんを
きみと　しろみに　わけて
あわだてました。

カシャ　カシャ　カシャ
カシャ　カシャ　カシャ

そして　ふたたび　きみと　しろみを
いっしょに　すると
こむぎこや　ぎゅうにゅうと　あわせ、
たっちゃんを　むしきへ
いれました。

「あれ？　ここは　どこだ？」

そこは　きれいな　あおぞらが　ひろがる　はらっぱでした。

「たっちゃん！」

ゆでたまごの　たまちゃんが　よびかけます。

「たまちゃん。ぼくは　どうなったんだろう？」

「たっちゃんは　むしパンよ。

とっても　おいしそう。」

たっちゃんは　じぶんの
からだを　みました。
たっちゃんは　きいろで　ふっくらした
むしパンに　なって　いました。
「わあい。ぼくも　おべんとうに　はいれたぞ！」
たまごりょうりたちは
みんな　えがおに　なりました。

もっとたのしむヒント

お話を読んだら、お子さんと一緒に、タマゴを使っていろいろな料理をしてみましょう。タマゴをあわ立てると色が変化するなど、料理中に新しいふしぎを見つけたら、それも調べてみるとよいですね。

クイズのこたえ　10こ

もっと知《し》りたい！ タマゴのこと

タマゴをゆでるとかたまるのは、タマゴのなかのタンパク質《しつ》のはたらきによるものです。熱《ねつ》がくわえられているタマゴのなかでは、いったいどんなことがおこっているのか、見《み》てみましょう。

生《なま》のタマゴの白身《しろみ》はとうめいなのに、ゆでたりやいたりすると、白《しろ》くなるのはどうしてかな？

熱《ねつ》をくわえてかたまるタンパク質《しつ》

タマゴにふくまれているタンパク質《しつ》という物質《ぶっしつ》は、糸状《いとじょう》でつぶのようにおりたたまれています。熱《ねつ》をくわえると、おりたたまれていたタンパク質《しつ》がほどけて、ほかのタンパク質《しつ》とからみあいます。こうして、タマゴはかたまるのです。

タンパク質《しつ》は、血《ち》や骨《ほね》、きん肉《にく》、かみの毛《け》などになる、大切《たいせつ》な栄養《えいよう》のひとつ。

❶ はじめタンパク質《しつ》は、つぶ状《じょう》におりたたまれている。

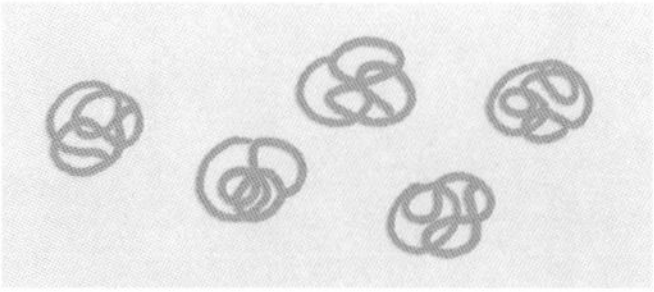

❷ 熱《ねつ》で、おりたたまれたタンパク質《しつ》がほどけて、広《ひろ》がる。

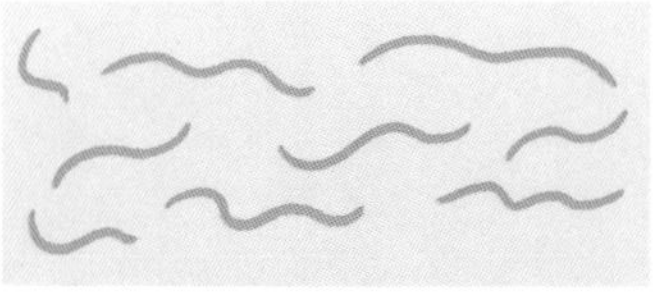

むしパンがふわふわなのはどうして？

むしパンは熱《ねつ》をくわえているのに、かたくならずふわふわしています。これは、むしパンの生地《きじ》に入《はい》っている、あわ立《だ》てたタマゴの白身《しろみ》にひみつがあります。あわ立《だ》てた白身《しろみ》にはたくさん空気《くうき》がとりこまれていて、熱《ねつ》をくわえるとそのなかの空気《くうき》がふくらむため、ふわふわになります。

親子《おやこ》でチャレンジ

半熟《はんじゅく》タマゴをつくってみよう

どんな火《ひ》かげんでゆでると半熟《はんじゅく》タマゴができるでしょうか？　タマゴをいくつか用意《ようい》して、ふっとうしてからのゆで時間《じかん》をかえながら黄身《きみ》のかたさをくらべてみましょう。すきなかたさのタマゴができたらいいですね。

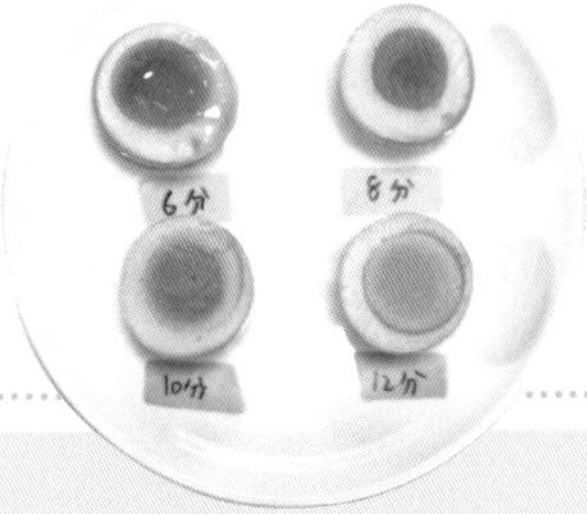

むすあいだに、白身《しろみ》をあわ立《だ》てたときにとりこまれた空気《くうき》が、生地《きじ》のなかでどんどんふくらむ。

❸ さらに熱《ねつ》がくわわると、タンパク質《しつ》どうしがからみあって、かたまる。

黄身《きみ》と白身《しろみ》でかたまる温度《おんど》がちがう。黄身《きみ》は 65 ～ 70 度《ど》、白身《しろみ》は70～80度《ど》でかたまる。

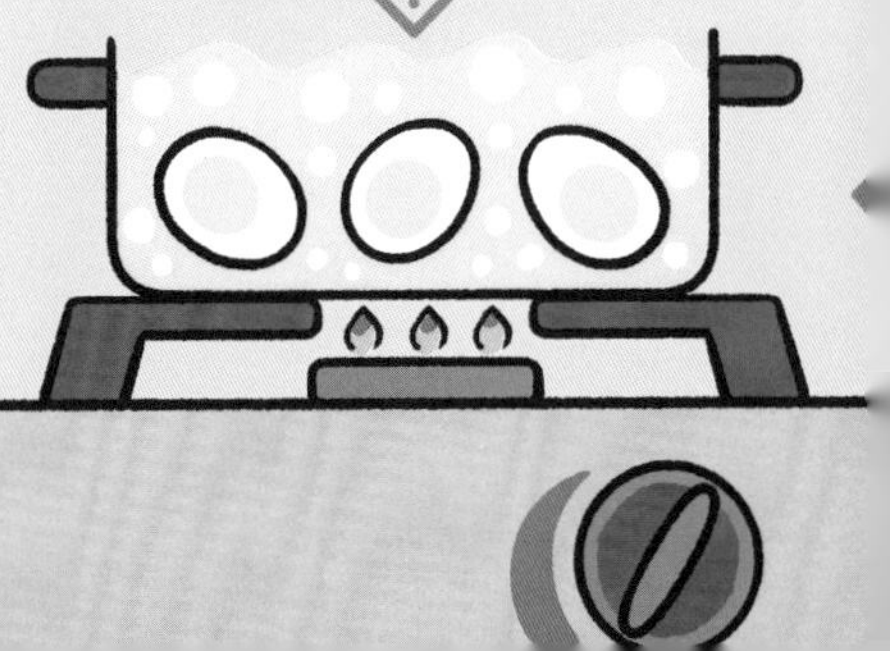

みえて　いる　ものは　みんな　おなじなの？

あかい　ぼうしを　さがせ！

ネズミは　もりの
めいたんていです。
いつも　じょしゅの
ハチドリと　いっしょに
もりの　じけんを
かいけつして　います。
きょうは　クジャクが
やって　きました。
「ネズミさん、ぼくの　おとした
あかい　ぼうしを　さがして　くれない？」

クイズ

ウサギの
きている
ふくの　いろは
なにいろ？

ネズミは　くびを　かしげました。
「あかいろって　なんだろう？
ネズミには　あかいろが
わからないんだよな。いろが　わかる
ハチドリじょしゅは　いま　いないし。」
ネズミは　くびを　かしげました。

クジャクが　かなしそうな
かおを　しました。
ネズミは　いいました。
「だいじょうぶ、ぼくは　めいたんてい！
あかい　ぼうしを　みつけて　みせるよ！」

ネズミは　もりの　ひろばに　いって、
なかまたちに　ききました。
イヌも　ネコも　ウサギも
くびを　よこに　ふりました。
「ぼくたち　あかいろは
みわけられないんだ。」

ネズミは　ほかの　たんていにも　きいて　みます。
「ぼく、どの　いろも　わからないけど、つちの　なかじゃ
こまらないよ。ぼうしは　つちの　なかには　なかったよ。」
「わたしも、いろは　わからないけど　ちょうおんぱで
ものの　かたちは　わかるよ。どうくつにも　なかったな。」
モグラと　コウモリは、いいました。

ネズミは、うみに　いって、
モンハナシャコにも　はなしを　ききました。
「みずの　なかには
あかい　ぼうしは　なかったよ。
あかいろが　みえる
サルくんに　きいて　みたら？」

ネズミは　サルの　ところに　いきました。
サルは　まるい　ぼうしを
たくさん　もって　いました。
「クジャクさんの　あかい
ぼうしは　ある？」

「ここに　ある　ぼうしは
ぼくが　ひろったから　ぜんぶ
ぼくの　ものだ。」

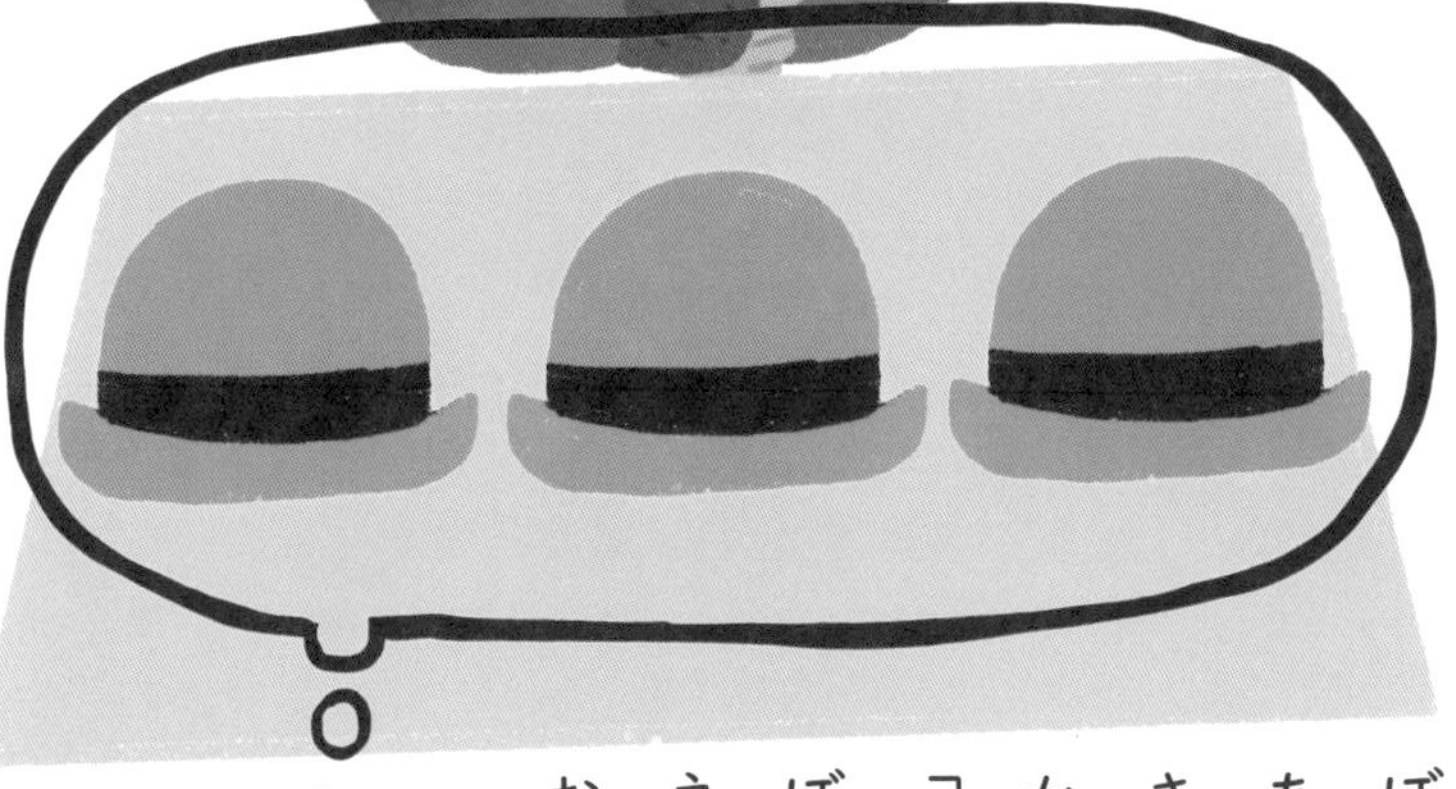

「そんなあ。」
「あか、あお、きいろの
ぼうしの　うち、どれが
あかい　ぼうしか
きみが　あてられたら
かえして　あげるよ。」
「どれが　あかい
ぼうし　かな？」
ネズミには　みっつとも
おなじ　ぼうしに　みえます。

そこへ　ハチドリが
とんで　きました。
「ネズミたんてい、　すみません。
ちょっと　ねぼうを　して、
まだ　あさごはんを
たべて　いなくて……。」
ハチドリは　ならんだ　ぼうしを
みて　いいました。
「あら、　あかい　トマト！
あさごはんに　しましょう！」
ハチドリは　まんなかの
ぼうしを　つつきました。

ネズミは　かんがえます。
「あかいろが　みえる　ハチドリさんが
まんなかの　ぼうしを　あかい　トマトと
まちがえたという　ことは……。」

ネズミは　まんなかの
ぼうしを　とりあげました。
「あかい　ぼうしは　これだ！」
「ネズミくん　ありがとう！」
あかい　ぼうしが
もどって　きて
クジャクは　よろこびました。

もっとたのしむヒント

「コウモリには、白黒にしか見えないんだね。」などお子さんに声をかけて楽しみます。動物に見えている世界と人間に見えている世界の違いに、おどろくことでしょう。

クイズのこたえ　あおいろ

もっと知《し》りたい!

目《め》に見《み》える世界《せかい》のこと

目《め》から入《はい》る光《ひかり》をもとに頭《あたま》のなかにある脳《のう》がなにかを見分《みわ》けることで、多《おお》くの動物《どうぶつ》は、ものを見《み》ています。ただし、目《め》のせいのうは動物《どうぶつ》によってちがうので、目《め》に見《み》える世界《せかい》がみんな同《おな》じとはかぎりません。

ものが見《み》えるしくみ

ものに光《ひかり》があたると、その光《ひかり》がはねかえって目《め》に入《はい》ってきます。入《はい》ってきた光《ひかり》は「網《もう》まく」という部分《ぶぶん》にとどきます。網《もう》まくが光《ひかり》のしげきをうけると、それが光《ひかり》の情報《じょうほう》となって、視神経《ししんけい》をとおして脳《のう》へおくられます。脳《のう》でその情報《じょうほう》がなにかを見分《みわ》けて判断《はんだん》することで、わたしたちはものを見《み》ることができるのです。

人間《にんげん》に見《み》えている世界《せかい》
④ 脳《のう》でものがなにかを見分《みわ》ける。

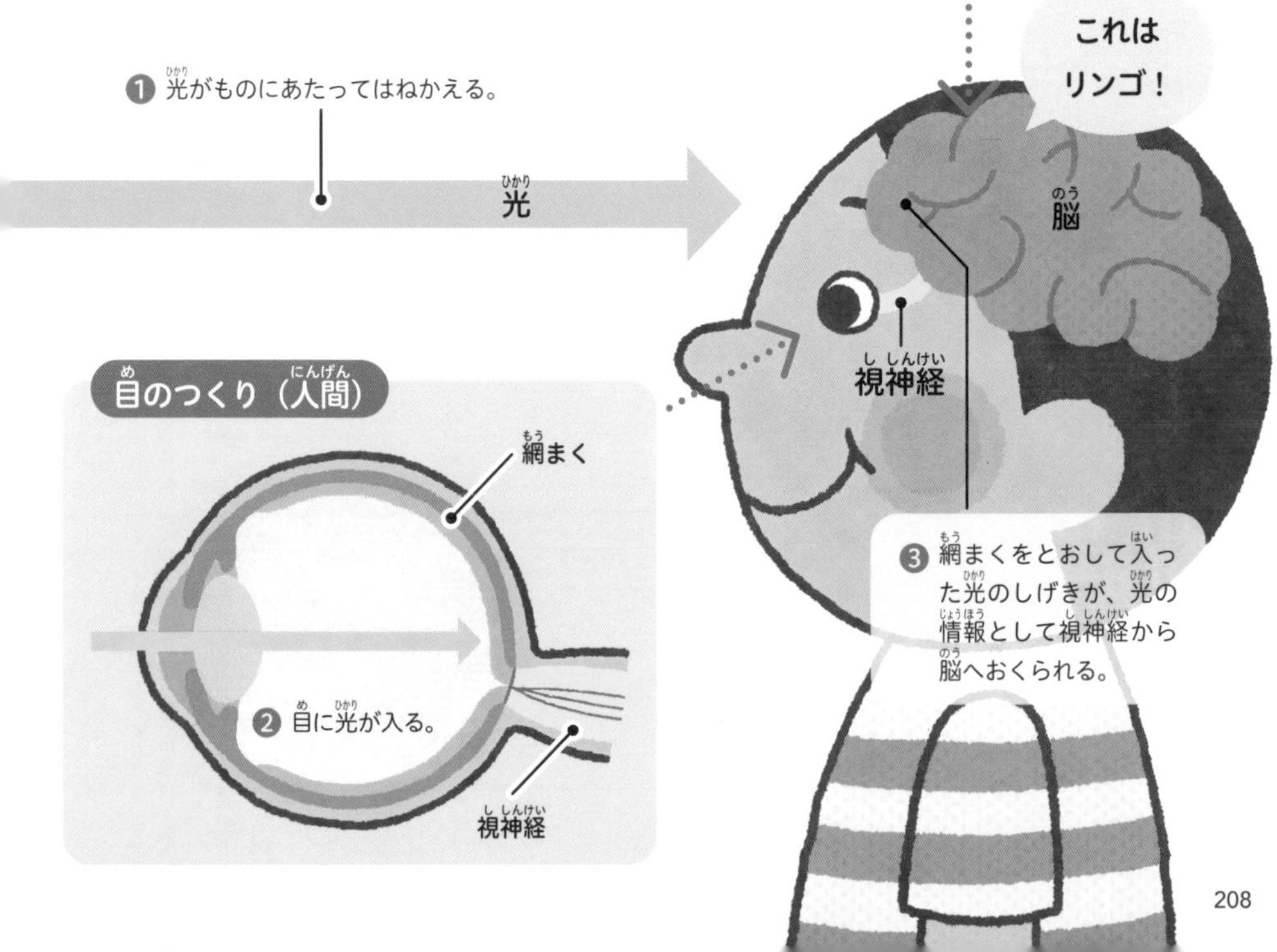
① 光《ひかり》がものにあたってはねかえる。
光《ひかり》
これは
リンゴ！
脳《のう》
視神経《ししんけい》
③ 網《もう》まくをとおして入《はい》った光《ひかり》のしげきが、光《ひかり》の情報《じょうほう》として視神経《ししんけい》から脳《のう》へおくられる。
目《め》のつくり（人間《にんげん》）
網《もう》まく
② 目《め》に光《ひかり》が入る。
視神経《ししんけい》

色《いろ》の見《み》え方《かた》のちがいと網《もう》まく

目《め》の網《もう》まくは、からだを形《かたち》づくる小《ちい》さな「さいぼう」というものでできています。網《もう》まくには明《あか》るさや暗《くら》さがわかるさいぼうと、色《いろ》のちがいを見《み》わけるさいぼうがあります。色《いろ》のちがいを見分《みわ》けるさいぼうにあるオプシンという物質《ぶっしつ》は、色《いろ》のちがいに反応《はんのう》します。このオプシンは４種類《しゅるい》ありますが、動物《どうぶつ》ごとにもっているオプシンの種類《しゅるい》がちがうため、色《いろ》の見《み》え方《かた》にもちがいができます。

チョウ

赤《あか》、青《あお》、緑《みどり》など、さまざまな色《いろ》を見分《みわ》けることができる。ただし、はっきりと見《み》る力《ちから》（視力《しりょく》）はあまりないといわれている。

チョウに
見《み》えている世界《せかい》

カメレオン（右目《みぎめ》）に
見《み》えている世界《せかい》

カメレオン（左目《ひだりめ》）に
見《み》えている世界《せかい》

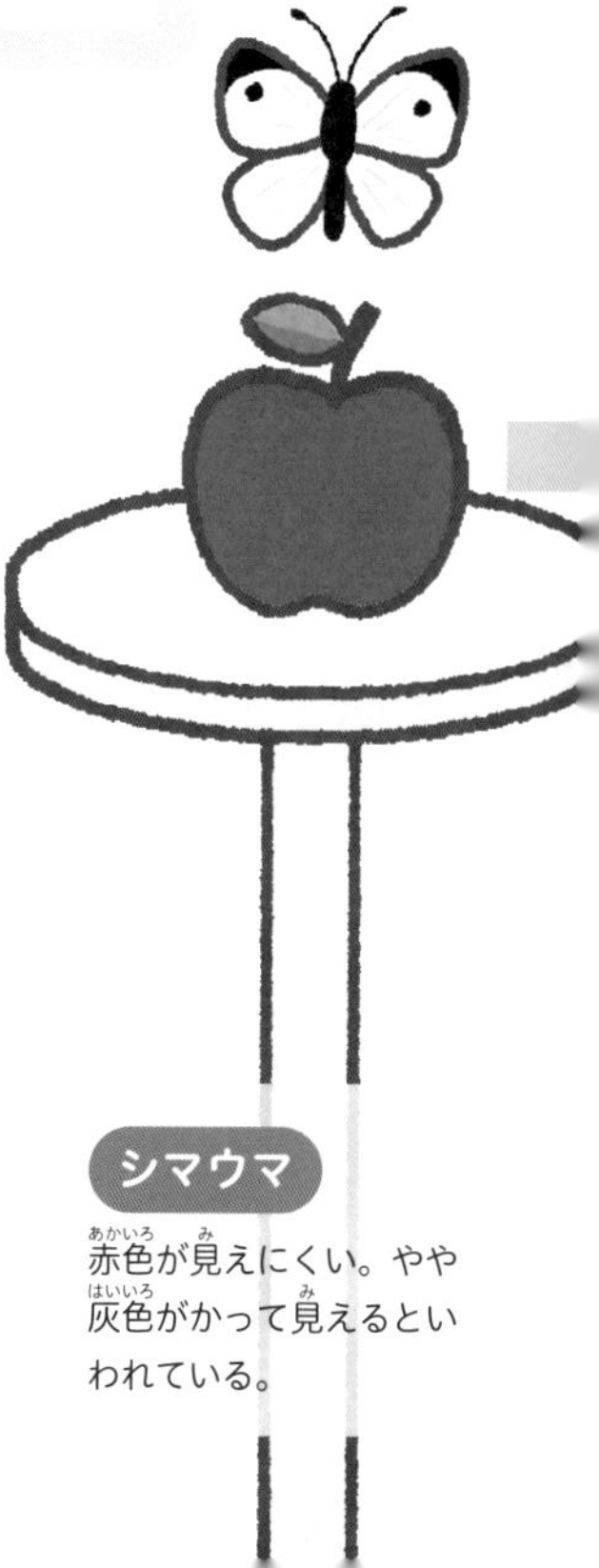

カメレオン

赤《あか》、青《あお》、緑《みどり》など、さまざまな色《いろ》を見分《みわ》けることができる。また、左右《さゆう》でちがううごきのできる目《め》で、２つの世界《せかい》を見《み》ていると考《かんが》えられている。

暗《くら》いところだと色《いろ》がわからなくなるのはどうして？

シマウマに
見《み》えている世界《せかい》

シマウマ

赤色《あかいろ》が見《み》えにくい。やや灰色《はいいろ》がかって見《み》えるといわれている。

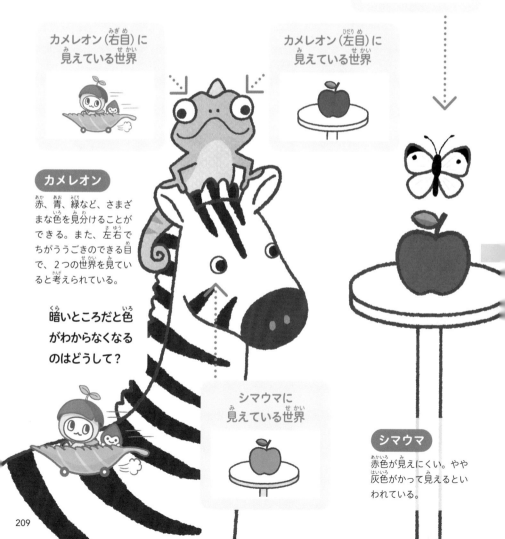

じどうしゃは　どうやって　うごいて　いるの？

ミクロチャンネル
〜くるまの　しくみを　しらべて　みた〜

「ハロ〜
ウーチューブ！
ミクロせい　ウーチューバー、
ミクロチャンネルの　ミクロです！
きょうは　ちきゅう　という　ほし　にある
くるま　という　のりものの　しくみを
しらべに　やって　きました　これから
こうじょうへ　せんにゅうしま〜す！」

クイズ

こうそくどうろで
しごとを
して　いるのは
だれ？

「みて　ください！　まるい
こうじょうが　ありますよ。」
「あの～　こうじょう
では　ないのですが……。」
「えっ！　どなた　ですか？」
「タイヤです。
ぼくが　かいてんして
くるまを　うごかして　いるのです。
でも　ぼく　ひとりでは
うごけないので　ぼくを
かいてんさせて　いる
ものが　あるんですけど。」
「えっ！　おしえて　ください！」

「さぁ、タイヤさんに
おしえて　もらった
ばしょに　やって　きました。
このあたりに　タイヤさんを
まわして　いる　ものが
あるそうなんですが……。」

バコン、バコン！
シュイン、シュイン

「なんですか！
あの　おとの　でる
おおきな　はこは！
そのとなりには　とても
しずかな　はこも　ありますよ。」

「なんだよ、とつぜん！
おれは　エンジン、
となりの　おとなしいのが
モーターだよ！
なんか　ようか？　ちいさいの。」
「あっ！　はこでは　なくて
エンジンさんと　モーターさん。
すみません、あなたたちが
タイヤさんを　まわして　いるのですか？」
「そうだよ！　はっしんは　モーター、
かそくは　おれだ！　なぁ、モーター。」
「はい。わたしたちは　そとからは
みえないけれど、こうして
なかで　うごいて　いるのです。」

「なんと、 とくべつに おしごとを
みせて もらえる ことに なりました。

うみと いう ばしょへ いきま～す!」

「では、 わたし モーターが はっしんします。」

「わ～ おとが とても しずかですね～。」

「くるまが こうそくどうろへ
はいりました。」
「ここからは おれさま
エンジンの でばんだ!」

「ちきゅうの　うみが
みえて　きました。
みなさん、ちきゅうの
くるまは　いかがでしたか？
よろしければ　チャンネル　とうろく
おねがいしま～す！」

もっとたのしむヒント

お話では、ハイブリッドカーのしくみを取り上げています。「家の車の中には、モーターさんがいるかな？　調べてみよう。」といった話をきっかけに、環境にやさしい自動車へと関心を広げることができます。

クイズのこたえ　エンジン

もっと知《し》りたい！

地球《ちきゅう》にやさしい自動車《じどうしゃ》のこと

自動車《じどうしゃ》はガソリンや電気《でんき》をつかって、モーターやエンジンを回《かい》てんさせてできた力《ちから》を、タイヤにつたえることでうごきます。お話《はなし》に出《で》てきたハイブリッドカーのほかにも、さまざまな車《くるま》があります。

エンジンとモーターの
両方《りょうほう》をつかって、
少《すく》ない燃料《ねんりょう》で走《はし》るよ。
ハイブリッドカー（HV《エイチブイ》）
おれたちは、
ここにいるぞ！

さまざまな燃料《ねんりょう》をつかって走《はし》る自動車《じどうしゃ》

これまでは、石油《せきゆ》からつくったガソリンを燃料《ねんりょう》にした自動車《じどうしゃ》が多《おお》くつかわれていました。しかし、ガソリンを燃料《ねんりょう》にした自動車《じどうしゃ》から出《だ》される排気《はいき》ガスは、地球《ちきゅう》にとってよくありません。そこで、電気《でんき》の力《ちから》で走《はし》るものや、排気《はいき》ガスの少《すく》ない燃料《ねんりょう》をつかうものなど、地球《ちきゅう》にやさしい自動車《じどうしゃ》がつくられています。こうした自動車《じどうしゃ》を「エコカー」といいます。

わたしが見《み》たハイブリッド
カーのほかにも、こんなに
いろいろな車《くるま》があったのか！
充電《じゅうでん》をして、電気《でんき》
のモーターだけで
走《はし》るんだ。
電気自動車《でんきじどうしゃ》（EV《イーブイ》）
EV

※「CHARGING POINT」は、電動車両（EV・PHV・PHEV 等）のドライバーが迷わず安全に充電器に到着できるよう、充電器の設置場所を示す全国共通の案内サインとして 2008 年に作成された東京電力の登録商標です。

世界初《せかいはつ》の自動車《じどうしゃ》

世界《せかい》ではじめてつくられた
自動車《じどうしゃ》は、水《すい》じょう気《き》の力《ちから》で
うごくよ！

そういえば道《みち》で
マーク※を
見《み》たことがあるよ！

充電《じゅうでん》もできるし、
ためた電気《でんき》を車《くるま》を動《うご》かすこと
以外《いがい》にもつかえるよ。

プラグインハイブリッドカー（PHV《ピーエイチブイ》）

電気《でんき》でうごくモーター
が主役《しゅやく》！ 充電《じゅうでん》が切《き》れた
らエンジンをつかうよ。

排気《はいき》ガスの少《すく》ない天然《てんねん》ガス
を燃料《ねんりょう》につかって走《はし》るよ。
トラックやバスに多《おお》いよ！

なかにガスタンクがつまれている。

天然《てんねん》ガス車《しゃ》（FCV《エフシーブイ》）

おえかきと　ケシかみさま

クレヨンは　どうして　けしゴムで　けせないの？

なるちゃんは、
おえかきが　だいすき。
「つよくて　りっぱな
ライオンさんだ！」
きいろい　クレヨンで
ぐいっ　ぐいっ
えんぴつで
しゃっ　しゃっ
「あー！　はみだしちゃった。」

クイズ

ぞうかみさまの
ひげは
なにいろ？

「どうしよう、
ママに　おこられるかな。」
その　ときです。
「どれ、わしが　たすけて　やろう。」
とつぜん　ちいさな
けしゴムが　あらわれました。
けしゴムなのに、てや　あし、
かおまで　あります。
「だれ？」
「わしは、けしゴムの　かみさま、
ケシかみさまじゃ。
はみだした　えんぴつなんぞは
わしに　かかれば、ほれ　この　とおり。」

ケシ　ケシ　ケシ　シュシュー ッ

ケシかみさまが、　つくえを　さっと　なでると

すーっ

えんぴつの　あとが　きえました。

「ケシかみさま、　すごーい！

じゃあ、　こっちの　クレヨンも　けして　くれる？」

なるちゃんは、　テーブルに　はみだした

クレヨンを　ゆびさしました。

すると、ケシかみさまは　おおあわて。
「とんでもない！
わしの　からだが　よごれて　しまう。」
「なーんだ、けしゴムの
かみさまの　くせに　けせないんだ。」

「かみさまには　それぞれ
やくわりが　あるのじゃ。
わしの　なかまを　よんでやろう。」
ケシかみさまが、てを　ふると
きらきら　ぱぱっ
ぞうきんと　せんざいが
あらわれました。

「ぞうきんの
かみさま、
ぞうかみさまと
せんざいの
かみさま、
せんかみさまじゃ。」

シュッシュシュッ
キュッキュッキューーン

ふたりが　くるんと　つくえを　なでると
あっというまに　ぴっかぴか。
「ケシかみさまの　なかまって、　すごーい！」

「ねえねえ、そしたら　つぎはね……。」

なるちゃんは、つぎつぎに　よごれた　ふくや
らくがきだらけの　おもちゃを　もって　きます。

ケシかみさまたちは、びっくり　ぎょうてん。

「これは　たいへん、きりが　ないぞ。」

その　ときです。

「ただいまー。」

「あっ、ママだ！」
なるちゃんが　とびらを
ふりかえった　しゅんかん、
かみさまたちは
きえて　しまいました。
ゆかには　ちいさな
けしゴムが　ひとつ、
ころんと　ころがって
いたのでした。

もっとたのしむヒント

汚れを落とすときには、科学の知識が使われています。消しゴムや、雑巾と洗剤をきっかけにどうして汚れが落ちるのか、お子さんと一緒に考えてみるとよいでしょう。

クイズのこたえ　しろいろ

もっと知《し》りたい!

クレヨンとけしゴムのこと

紙《かみ》にクレヨンでかいたものは、えんぴつでかいたものとちがい、けしゴムでけせません。これはクレヨンとえんぴつでは、成分《せいぶん》がちがうからです。けしゴムでけせるものと、けせないもののちがいはなんでしょうか？

紙《かみ》にかいたクレヨンがきえないわけ

たいらに見《み》える紙《かみ》のひょうめんですが、じつはでこぼこしています。このでこぼこのひょうめんについたえんぴつのしんのこな（黒鉛《こくえん》）をけしゴムがすいとることで、えんぴつでかいたものはきえます。いっぽうクレヨンの原料《げんりょう》である石油《せきゆ》やろうは、紙《かみ》のおくまでしみこみます。けしゴムでは、紙《かみ》のおくにしみこんだものまでとれないので、紙《かみ》にクレヨンでかいたものはきえないのです。

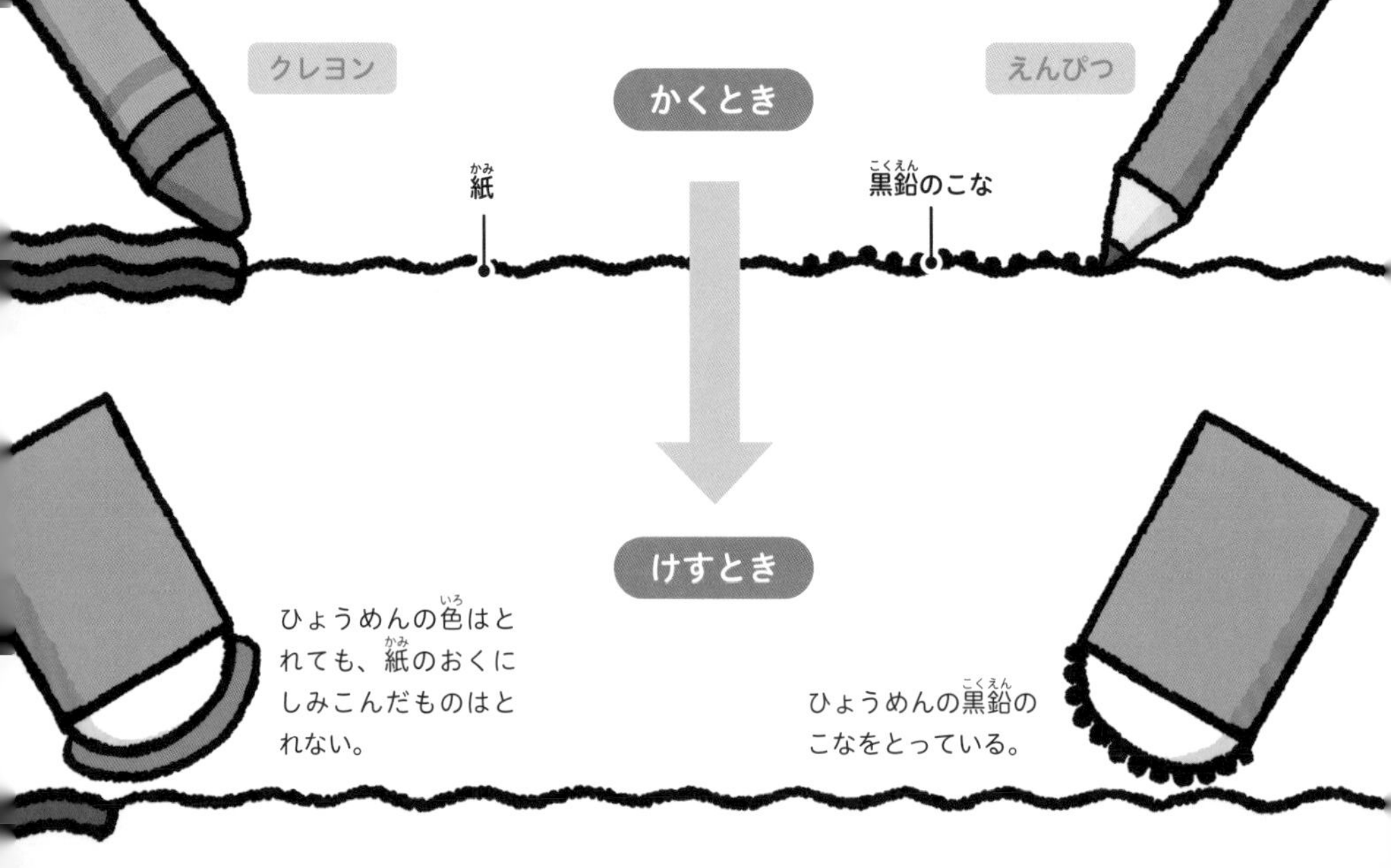

クレヨン
えんぴつ
かくとき
紙《かみ》
黒鉛《こくえん》のこな
けすとき
ひょうめんの色《いろ》はとれても、紙《かみ》のおくにしみこんだものはとれない。
ひょうめんの黒鉛《こくえん》のこなをとっている。

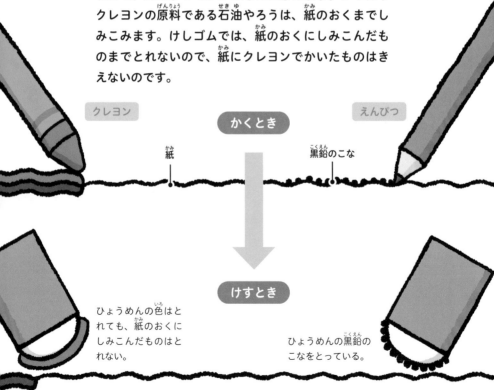

親子《おやこ》でチャレンジ

けせるペンのしくみをしらべよう

フリクションペン© は、けしゴムをつかわなくてもけせるペンです。このペンで書《か》いた文字《もじ》はけしゴムではなく、とくべつなゴム（ラバー）でこするときの熱《ねつ》をつかってけします。ペンにつかわれているインクはとくしゅで、熱《ねつ》をくわえると色《いろ》が消《き》えて見《み》えます。やけどに注意《ちゅうい》しながら、ドライヤーの風《かぜ》を書《か》いた文字《もじ》にあてて観察《かんさつ》してみましょう。

だ〜ね
くん
あたためると
くん

※フリクションは、株式会社パイロットコーポレーションの登録商標です。

プラスチックにかいたクレヨンがけせるわけ

　プラスチックはひょうめんがつるつるしていて、クレヨンの色《いろ》のかたまりがおくまでしみこみにくくなっています。そのため、せんざいをつかうと、けすことができます。

色《いろ》えんぴつはえんぴつなのに、きえにくい…。ふしぎダネ！

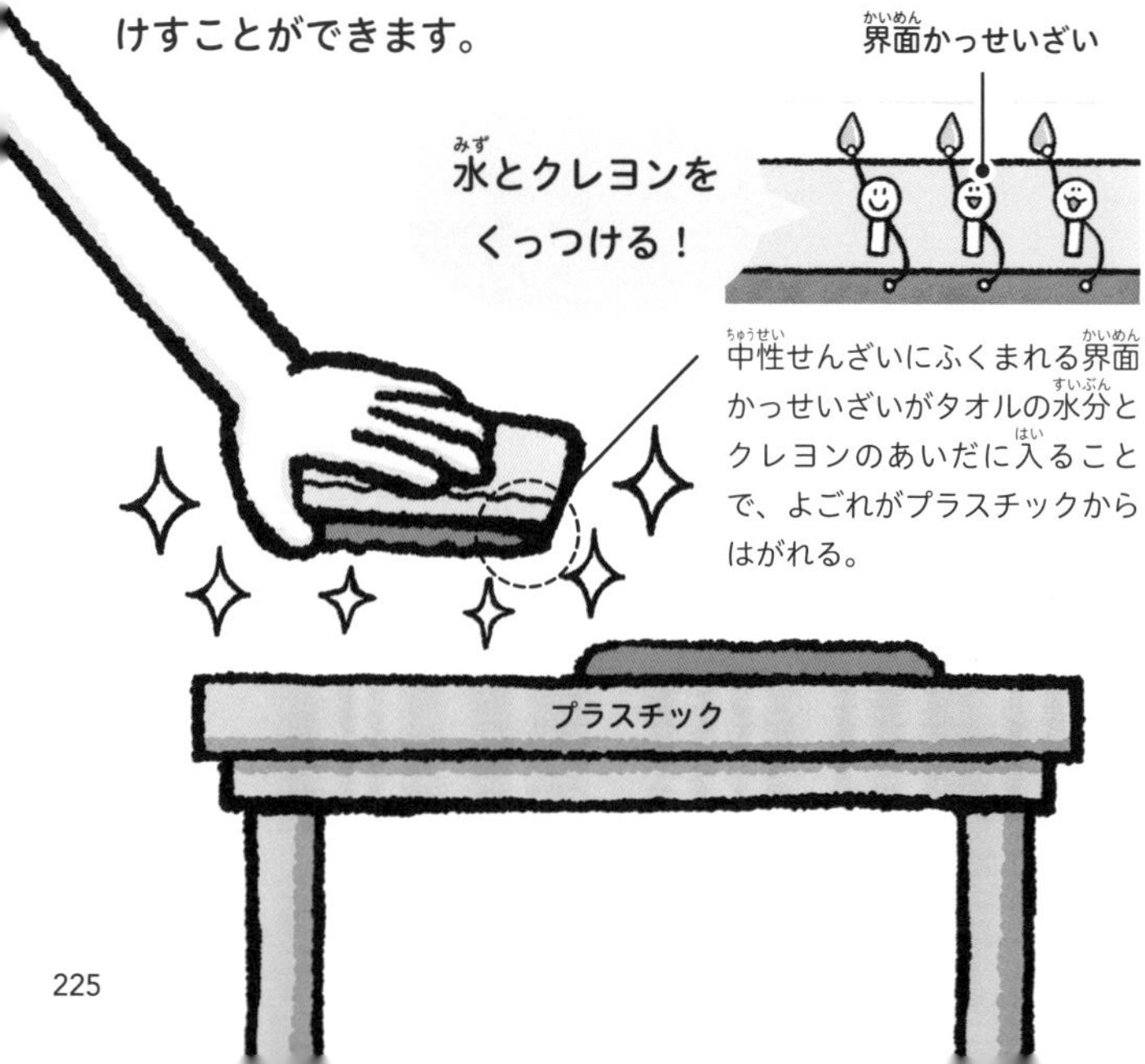
界面《かいめん》かっせいざい
水《みず》とクレヨンをくっつける！
中性《ちゅうせい》せんざいにふくまれる界面《かいめん》かっせいざいがタオルの水分《すいぶん》とクレヨンのあいだに入《はい》ることで、よごれがプラスチックからはがれる。
プラスチック

石油《せきゆ》やろうでできたクレヨンの色《いろ》のかたまり
紙《かみ》にしみこんだ色《いろ》のかたまり

どうして　たいふうが　おきるの？

ふうくんと　かぜのこたち

おひさまが、きらきら
かがやく　みなみの　うみ。
かぜのこたちが　おいかけっこを　して　います。
くるくる　くるくる
すると、うみの　みずしぶきも　はじけて
ぱしゃぱしゃ　ふわっ　くるくるん
みんなが　まわると
ぽんっ
たいふうの　あかちゃん
ふうくんが　うまれました。

クイズ

この　かぜのこは
なんページに
いるかな？

「ふうくん、こんにちは。
いっしょに　あそぼう！」
みんなで　ふうくんと
てを　つなぎます。
くーるくる　くーるくる
「みんなで　まわるの　たのしいね。
いっしょに　どこまで　いけるか
やって　みよう。」

「たのしそうだね！」
「わたしも　いれて。」
かぜのこたちが
つぎつぎと
あつまって　きて
てを　つないで
いきます。
びゅ　びゅーーん
「うおーっ、
すごいパワーだぞ！」
ふうくんは　とくいに
なって、ぶんぶん
かぜのこたちを
ふりまわします。

「たいへんだ！　たいふうが　くるぞ。」
「はやく　うえきばちを　しまうんだ！」
「みずや　たべものは　だいじょうぶ？」
くもの　はるか　したでは
ひとびとが　おおいそぎで
こえを　かけあい、　はしって　います。

かぜのこたちは、
ますます　たくさん　あつまって　きて、
むりやり　てを　つなごうと　します。
おしあい　へしあい　ぎゅうぎゅうづめ。
「もう、うごけないよー！」
ふうくんが　ひめいを
あげた　ときです。
「あっ、やまに　ぶつかる！」
おおきな　やまの　かべが
すぐ　まえに　せまって
いました。

どどーーん
ばあーーん
ぶつかった　はずみで、
みんなの　てが
はなれました。
ふうくんは　きゅうに
かるく　なって　とおくに
とんで　いきました。
おひさまが　にこにこ
わらって　みおくって
いました。

もっとたのしむヒント

台風は、夏から秋にかけて多く日本にやってきます。台風が近づいてくるときに、どんな備えをすればよいのか、お話を通してお子さんと話し合っておくと、いざというときに役立ちます。

クイズのこたえ　230ページ

もっと知《し》りたい!

台風《たいふう》と防災《ぼうさい》のこと

南《みなみ》の海《うみ》は日《ひ》ざしが強《つよ》く、台風《たいふう》のもととなる風《かぜ》や水《みず》が多《おお》いため、台風《たいふう》がおきやすくなっています。台風《たいふう》のとおり道《みち》になりやすい日本《にほん》にくらすうえで、どのように台風《たいふう》にそなえたらよいか考《かんが》えてみましょう。

夏《なつ》や秋《あき》に台風《たいふう》が多《おお》いのはどうしてダネ?

台風《たいふう》ができるしくみ

台風《たいふう》は、海水《かいすい》の温度《おんど》が高《たか》い熱帯《ねったい》とよばれる南《みなみ》の海《うみ》で生《う》まれます。積乱雲《せきらんうん》とよばれるもこもことした雲《くも》ができると、その中心《ちゅうしん》に風《かぜ》がふきこんで、少《すこ》しずつ上《うわ》むきの空気《くうき》のながれがうずをまいていきます。やがて、うずが大《おお》きくなり台風《たいふう》となるのです。

① 空気中《くうきちゅう》にただよう目《め》には見《み》えないくらい小《ちい》さな水《みず》(水《みず》じょう気《き》)があたためられて、上空《じょうくう》にのぼり積乱雲《せきらんうん》ができる。その中心《ちゅうしん》に風《かぜ》がふきこむ。

② 積乱雲《せきらんうん》がどんどん大《おお》きくなり、ふきこむ風《かぜ》が強《つよ》くなる。上《うわ》むきの空気《くうき》のながれが、やがてうずをまくようになる。

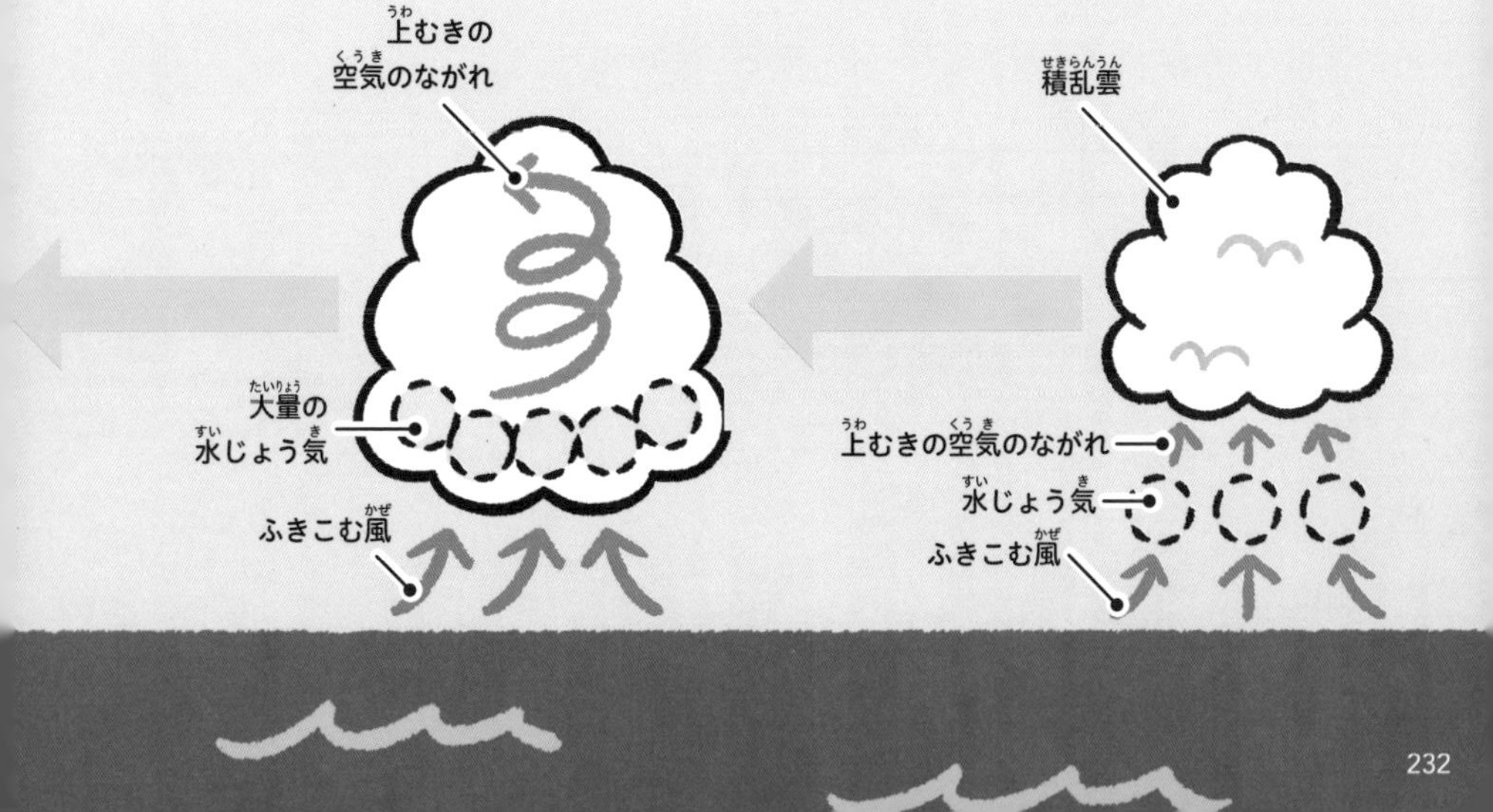
積乱雲《せきらんうん》
上《うわ》むきの空気《くうき》のながれ
水《すい》じょう気《き》
ふきこむ風《かぜ》
上《うわ》むきの空気《くうき》のながれ
大量《たいりょう》の水《すい》じょう気《き》
ふきこむ風《かぜ》

	そなえの例《れい》
台風接近《たいふうせっきん》5～3日前《にちまえ》	● 台風《たいふう》のすすみ方《かた》をしらべる ● 雨《あめ》や風《かぜ》が強《つよ》くなる前《まえ》に買《か》いものに行《い》く 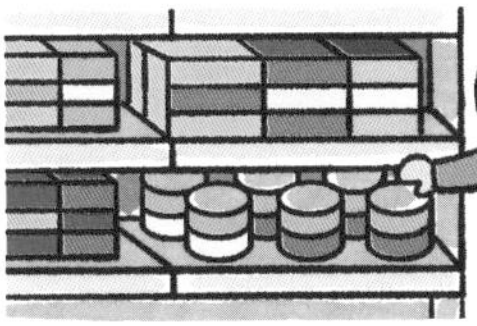
台風接近《たいふうせっきん》2～1日前《にちまえ》	 ● テレビやインターネットで雨《あめ》や川《かわ》の情報《じょうほう》に注意《ちゅうい》する ● ひなんするときのもちものを用意《ようい》する 水《みず》、食《た》べもの 衣類《いるい》、薬《くすり》などをリュックサックにまとめる。
台風接近半日前《たいふうせっきんはんにちまえ》～当日《とうじつ》	● ハザードマップでひなん場所《ばしょ》をたしかめる ● すんでいるところと、川《かわ》の上流《じょうりゅう》の雨量《うりょう》と川《かわ》の水位《すいい》をしらべる ● ひなんしじにあわせて、ひなんする 

かさで地面《じめん》をさぐり、
きけんがないか
たしかめるよ！

台風《たいふう》がくる前《まえ》にやっておきたいこと

台風《たいふう》が発生《はっせい》すると、大雨《おおあめ》やこう水《みず》、暴風《ぼうふう》などがおこります。また、川《かわ》の水《みず》があふれたり、がけがくずれたりなどのきけんな災害《さいがい》がおこることもあります。台風《たいふう》にそなえて、自分《じぶん》なりのひなん計画《けいかく》を考《かん》えて、いざというときにそなえましょう。

③ 中心《ちゅうしん》に「台風《たいふう》の目《め》」とよばれる空《くう》どうができる。回《かい》てんしてうごいていくうちに、どんどんいきおいが強《つよ》くなる。

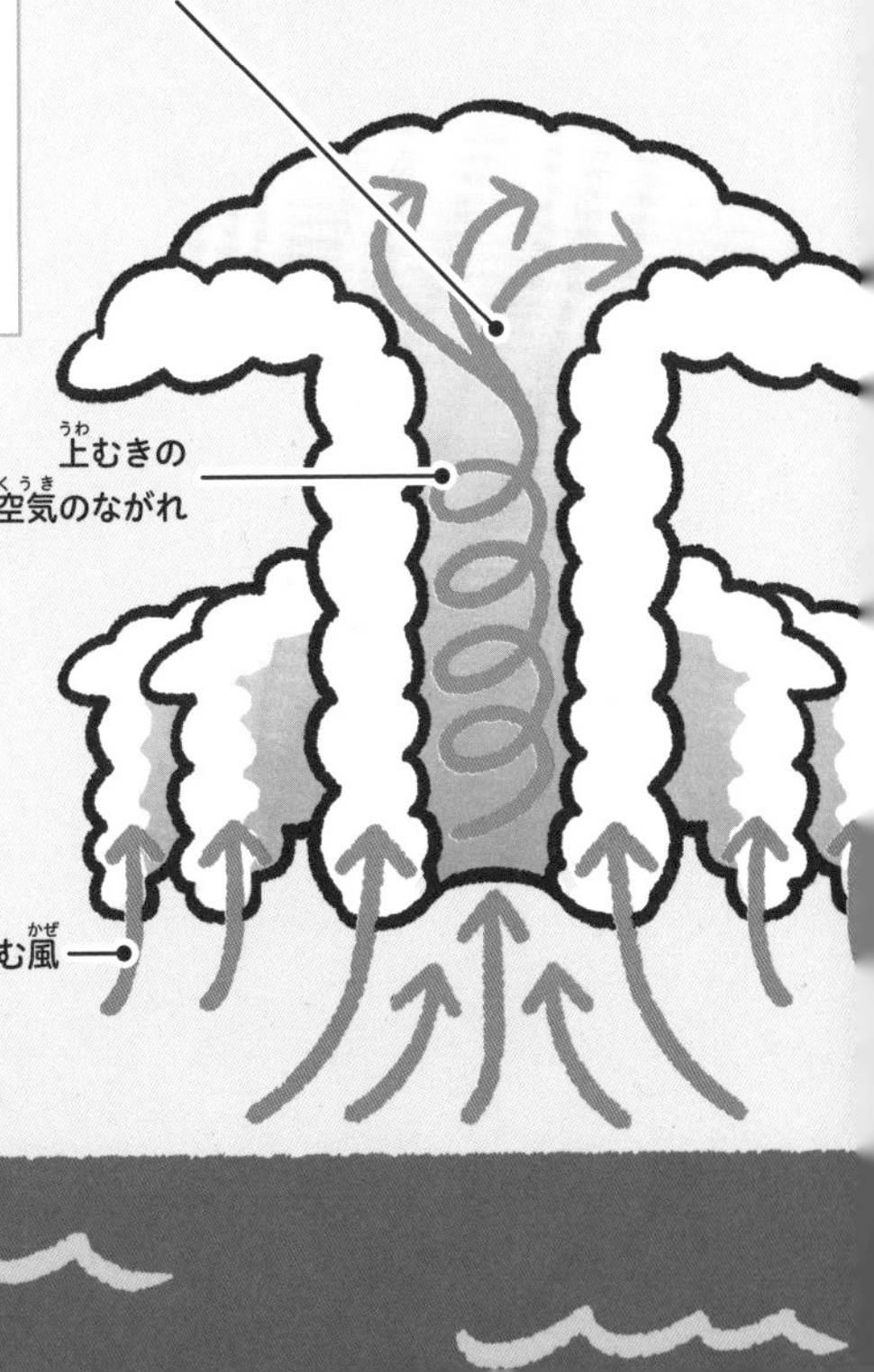

これ なにしてる？

いろいろな　きかいで
ぼくらが
くらす　ちきゅうを
みて　いるんダネ！
なにを　して
いるのかな？

ヒント❶

ものの ばしょや、
どこに じぶんが
いるかを うちゅうから
おしえてくれる
きかいだよ！

ヒント❷

ひこうきの したがわに ついて いる カメラで しゃしんを とるよ！

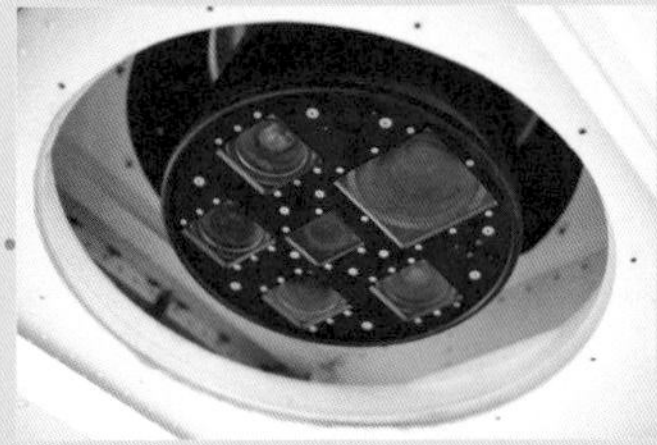

ヒント❸

これらの きかいが つくる ものの おかげで みちに まよわなくて すむよ！

もっとたのしむヒント

地図づくりや、カーナビゲーションなどの位置情報を利用したサービスのための測量機械です。235ページ左上の測量用航空機「くにかぜ」は、地図づくりのために航空写真を撮ります。234 ～ 235ページの人工衛星「みちびき」は、カーナビゲーションの地図上に正確な位置を伝えます。最近では、集めた位置情報からわかる地形の変化を、地図の修正に役立てる取り組みも行われています。「飛行機はカメラでなにを撮っていると思う?」「黒い箱はどうして宇宙からものの場所がわかるのかな」など声をかけて、調べてみてもいいですね。

クイズのこたえ カーナビなどの　ちずを　つくって　いる

写真提供：P234 ～ 235 みちびき（準天頂衛星システム）→内閣府宇宙開発戦略推進事務局、
P235 測量用航空機くにかぜⅢと機体カメラ→国土地理院

ちずは　どうやって　つくって　いるの？

どうぶつまちの　ちずづくり

タヌキは　どうぶつまちの
ちょうちょうです。
「わがまちには、トンガリみさき、
キラキラはまべ、タッカタカやま、
ザブーンがわ。
すてきな　ばしょが
いくつも　あるけれど、
ちずが　ないから　みんな
あそびに　きて　くれない。
そうだ！　ちずを　つくろう。」

クイズ

タヌキは
だれに
てがみを
かいたのかな？

タヌキは　じぶんで　ちずを　つくる　ことに　しました。
「どうぐは、ながさや　たかさを　はかるものと、カメラだ。あと、どっちの　ほうこうか　はかる　どうぐも、　もって　いこう。」

たくさんの　にもつを　もって、はまべの　ながさや、やまの　たかさを　はかったり　するのは　たいへんです。
「ああ、つかれた……。あっ！」
ふらふらした　タヌキは　トンガリみさきの　がけで、うっかり　あしを　ふみはずして　しまいました。

「うわぁぁぁぁぁ。」
タカが　とんで　きて　タヌキの
からだを　つかみました。
「あぶない　ところ　でしたね。
なにを　して　いたのです？」
「タカさん　ありがとう。
ちずを　つくりたいんだ。」
「では、このまま　まちの
うえを　とんで　あげます。
しゃしんを　とって　ください。
あるいて　はかった　ながさと
しゃしんを　あわせれば、
いい　ちずが　できますよ。」
「ありがとう！」

パシャ　パシャ　パシャ
タヌキは　そらから　たくさん
しゃしんを　とりました。
「タカさん、タッカタカやまの
ほうへ　とんでください。」
「それは　むりです。
タッカタカやまは　かざんですよ。
あつい　けむりが
ふきだして　いて、
とりは　ちかくを　とべません。」

タヌキは　やくばに　もどりました。
しらべた　ながさや　たかさと、
とった　しゃしんを　コンピューターに
いれて、ちずを　つくります。

「おお、いいぞ。でも、タッカタカやまの
まわりだけ　できて　いない。どうしよう。」
タヌキは　かんがえました。
「あつい　けむりが　でて、どうぶつが
ちかづけないなら、きかいでは　どうだろう？
ロボットさんに　そうだんしよう。」

タヌキは　ロボットまちの
ちょうちょうに　てがみを　かきました。
すると　すぐに　へんじが　きました。

「タヌキさん
それなら　じんこうえいせいを
かして　あげましょう。
わたしたちは　うちゅうから
しゃしんを　とって　ちずを
つくって　います。
これなら　いきものが　いけない
ばしょも　しっかり　しらべる
ことが　できますよ。」

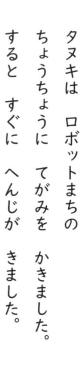

ロボットまちの
じんこうえいせいは
あっというまに
どうぶつまちの　しゃしんを
たくさん　とって、
りっぱな　ちずを
つくって　くれました。

できあがった
ちずを　みて　タヌキは
まんぞくそうに
うなずきました。

「りっぱな　ちずの
かんせいだ。よし、
この　ちずを　くばろう！」
ちずを　みた　おおくの
かんこうきゃくが
どうぶつまちを
おとずれました。

もっとたのしむヒント

「そういえば駅の前に地図があったね。」などと声をかけて、地図を探してみましょう。また、カーナビの地図で自分の居場所がわかるのはどうしてなのか、調べてみてもおもしろいですね。

クイズのこたえ　ロボットまちの　ちょうちょう

もっと知《し》りたい!

地図《ちず》づくりのこと

地図《ちず》は、人間《にんげん》や飛行機《ひこうき》、人工衛星《じんこうえいせい》などで地形《ちけい》の高《たか》さやふかさ、長《なが》さなどをはかってつくります。機械《きかい》などをつかい、ものの高《たか》さなどをはかることを「測《そく》量《りょう》」といいます。測量《そくりょう》で地図《ちず》ができるまでを見《み》てみましょう。

地図《ちず》ができるまで

地図《ちず》をつくるとき、まずは飛行機《ひこうき》をつかって、空《そら》からなんまいも写真《しゃしん》をとります。そして、空《そら》からとった写真《しゃしん》だけではわからないこまかい部分《ぶぶん》は、人《ひと》がじっさいにその場《ば》に行《い》ってしらべます。最近《さいきん》では、人工衛星《じんこうえいせい》をつかった測《そく》量《りょう》もふえてきています。こうしてあつめた写真《しゃしん》などをコンピューターにとりこみ、わかりやすい地図《ちず》をつくります。

❶ 飛行機《ひこうき》で写真《しゃしん》をとる

地上《ちじょう》 3000 ～ 4500 メートルの空中《くうちゅう》から、ま下《した》の写真《しゃしん》をとる。写真《しゃしん》をとるはんいがかさなりあうようにしてとることで、地上《ちじょう》を立体的《りったいてき》にとらえることができる。

❷ わからないところは人《ひと》の手《て》で

写真《しゃしん》とコンピューターだけではわからない道路《どうろ》のはばや、建物《たてもの》がなにかなどを、人《ひと》がちょくせつ行《い》ってしらべる。

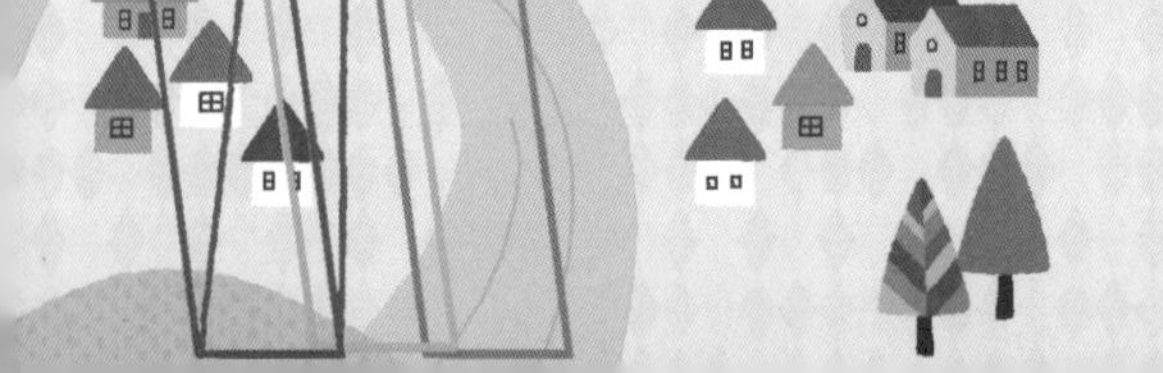

親子《おやこ》でチャレンジ

道《みち》のりをしらべて 歩《ある》いてみよう

家《いえ》から学校《がっこう》、こうえんなど、すきな目的地《もくてきち》までの道《みち》のりとつくまでの時間《じかん》を、コンピューターやスマートフォンでしらべて、その時間《じかん》どおり本当《ほんとう》に歩《ある》けるかやってみましょう。時間《じかん》どおりにたどりつけない場合《ばあい》、なぜたどりつけなかったのかも考《かんが》えてみましょう。直線《ちょくせん》きょりと道《みち》のりのちがいなど、いろいろな原因《げんいん》に気《き》づくはずです。

❸ 人工衛星《じんこうえいせい》でより正確《せいかく》に

飛行機《ひこうき》だけでなく、人工衛星《じんこうえいせい》での測量《そくりょう》もふえている。地《じ》しんなどで地形《ちけい》がどのようにかわったのかなどを観測《かんそく》できるので、より正確《せいかく》な位置《いち》や土地《とち》のようすなどを知《し》ることができる。

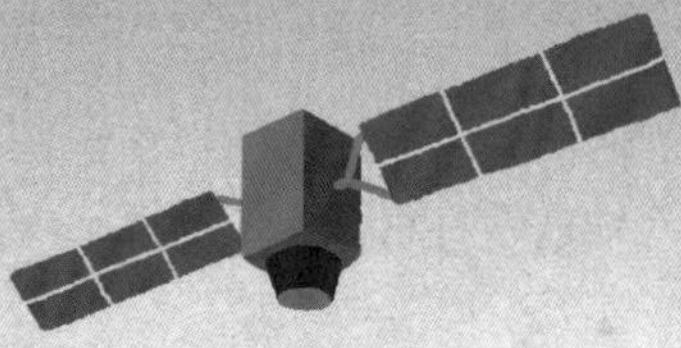

日本《にほん》ではじめて地図《ちず》がつくられたのは、いつかな？

❹ コンピューターで わかりやすい地図《ちず》をつくる

飛行機《ひこうき》でとった写真《しゃしん》や人《ひと》がしらべた情報《じょうほう》などをもとに、コンピューターをつかって地図《ちず》をつくる。

最近《さいきん》では、火山《かざん》の火口《かこう》のように人《ひと》が行《い》くにはきけんな場所《ばしょ》では、ドローンをつかった測量《そくりょう》がふえている。

かげくんと　あそぼう

かげが　できるのは　どうして？

たかくんは　パパと　ママと
キャンプに　やって　きました。

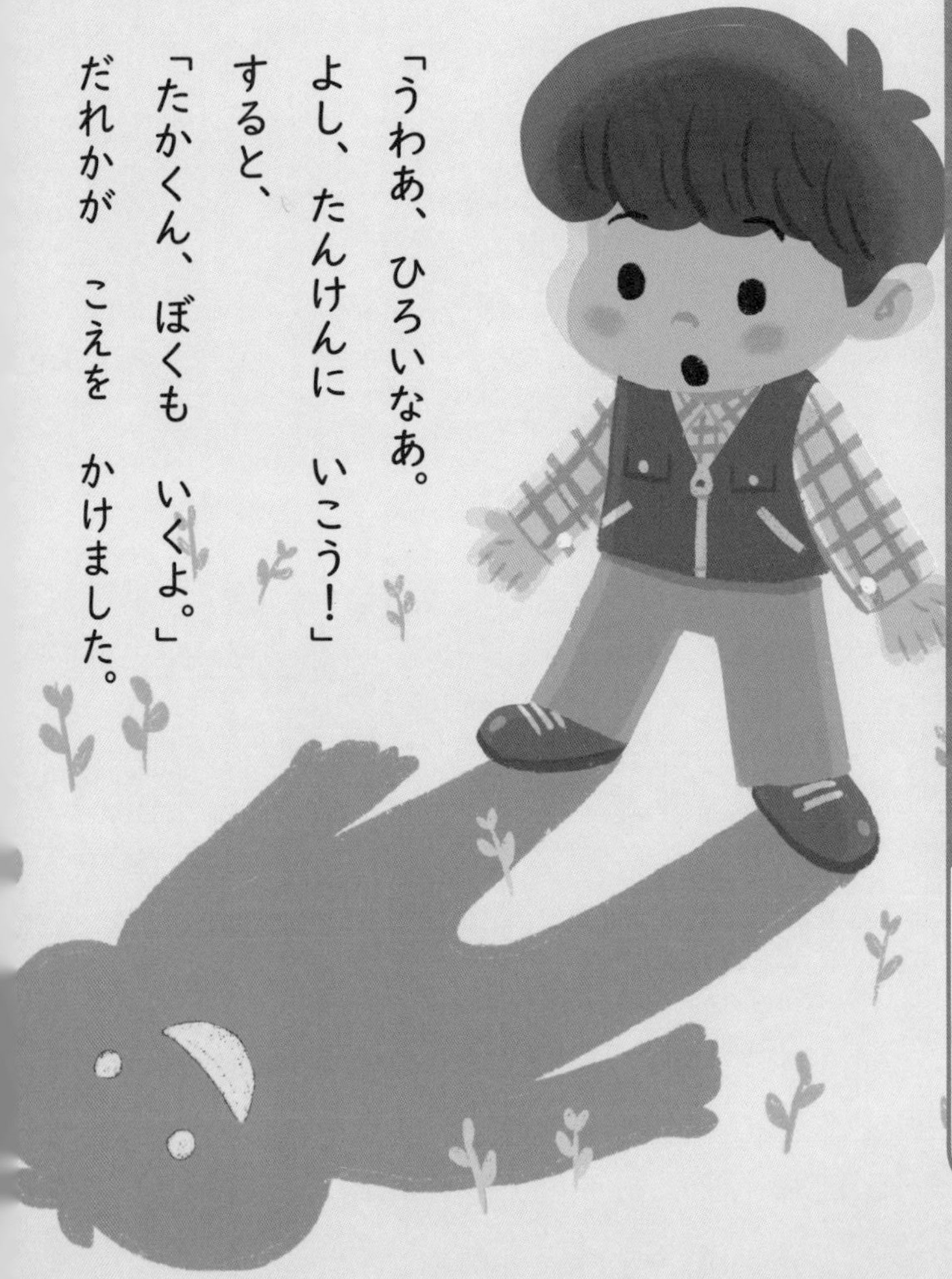

「うわあ、ひろいなあ。

よし、たんけんに　いこう！」

すると、

「たかくん、ぼくも　いくよ。」

だれかが　こえを　かけました。

クイズ

たかくんたちが
おやつに
たべたのは
なにかな？

「ぼくは、たかくんの　かげだよ。
いっしょに　あそぼう。」
「いいよ！」
たかくんが　はしると
かげくんも　はしります。
たかくんが　まわると
かげくんも　**くるりん**
ほっぷ　すてっぷ
じゃーんぷ。
ほら、なんでも
いっしょです。
「かげくんって、おもしろーい！
ぼくたち、なんでも
いっしょだね。」

「おやつが　やけたぞー！」
パパに　よばれて
たかくんと　かげくんは
テントに　もどりました。
「やった！　おおきな
ソーセージだ。」
たかくんが　てに　とると、
どうした　ことでしょう。

「ああっ　かげくんの　やつ、
ぼくより　おおきな　ソーセージ　もってる！
ずるいぞ、かげくん！」
「なんだよ、いいじゃん。たかくんの　よくばり！」
「ふんっ　もう　かげくん　なんて　だいっきらいだ！」
たかくんは　ぷんぷんと　テントの
なかに　はいって　しまいました。

とたんに　あめが
ザーザーザー
まわりを　みまわしても
そとを　のぞきこんでも
かげくんは　どこにも
いません。
「かげくん……、
どこに　いるのかなあ？」

あめが　やんで　たいようが　きらきら
かがやき　だしました。たかくんは、
いそいで　そとに　とびだしました。
すると…　よかった！　かげくんが　います。
「かげくん、さっきは　ごめんね。」
「いいよ、おひさまが　しずむまで
また　いっしょに　あそぼう。」
そらから　にじが　にこにこと　みまもって　いました。

もっとたのしむヒント

影は、太陽の１日の動きを知るきっかけにもなります。「影がのびちぢみするのは、どうしてだろうね？」など声をかけて、影に関心をもてるようにしましょう。

クイズのこたえ　ソーセージ

もっと知《し》りたい！

太陽《たいよう》とかげのこと

かげは光《ひかり》がさえぎられたときにできます。また、朝《あさ》から昼《ひる》、昼《ひる》から夕方《ゆうがた》のように、時間《じかん》がすぎるとかげができる位置《いち》もかわります。かげと太陽《たいよう》のうごきについて見《み》てみましょう。

かげはどうして黒《くろ》いのかな？

かげができるしくみ

かげは、光《ひかり》がさえぎられたときに、かべや地面《じめん》などにうつることでできます。光《ひかり》がある方向《ほうこう》と反対《はんたい》にでき、光《ひかり》がほとんどさささない雨《あめ》の日《ひ》やまっくらな場所《ばしょ》では、かげはできません。

また、かげの長《なが》さは光《ひかり》がどの高《たか》さからさしこむかによってかわります。高《たか》いところから光《ひかり》がさしこむとかげはみじかくなり、反対《はんたい》にひくいところから光《ひかり》がさしこむと、かげが長《なが》くなります。

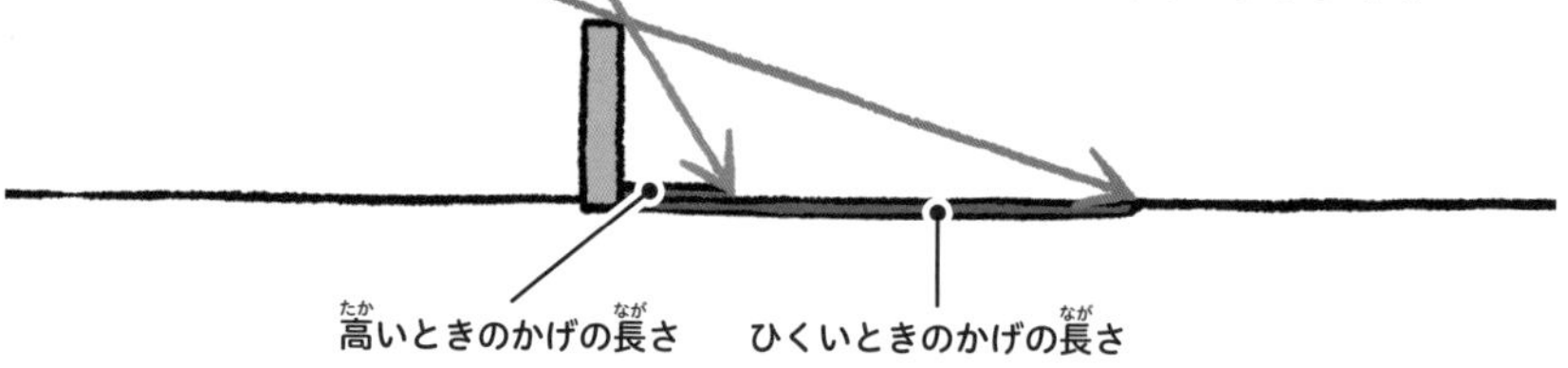

高《たか》いときのかげの長《なが》さ
ひくいときのかげの長《なが》さ

❷ めざせ！ かげふみおにのたつじん

かげふみおには、かげをふまれないようにげるおにごっこです。かげふみおにで、おににかげをふまれないようにするコツは、太陽《たいよう》と反対《はんたい》の方向《ほうこう》ににげることです。朝《あさ》から昼《ひる》にかけては西《にし》に、昼《ひる》から夕方《ゆうがた》にかけては東《ひがし》へむかって走《はし》るとつかまりにくくなります。

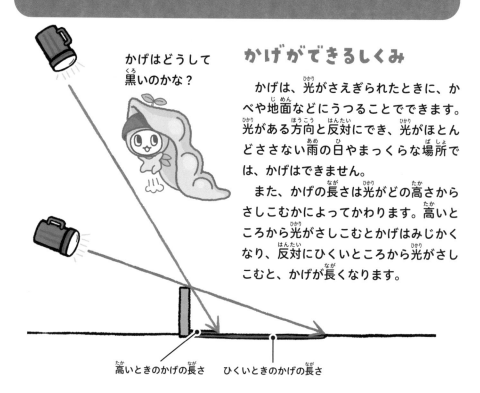

1日《にち》のかげのうごき

太陽《たいよう》は１日《にち》のうち、ずっと同《おな》じ高《たか》さや位置《いち》にはありません。朝《あさ》に東《ひがし》のひくい空《そら》からのぼった太陽《たいよう》は、昼間《ひるま》に南《みなみ》の空《そら》の高《たか》いところをとおって夕方《ゆうがた》には西《にし》のひくい空《そら》へとしずみます。

そのため、昼《ひる》は太陽《たいよう》が高《たか》いところにあるのでかげはみじかくなり、朝《あさ》と夕方《ゆうがた》は太陽《たいよう》がひくいところにあるのでかげは長《なが》くなります。かげのできる位置《いち》と太陽《たいよう》の出《で》ている位置《いち》は、いつも反対《はんたい》になります。

冬《ふゆ》だとかげがうすくて、夏《なつ》はこく見《み》える気《き》がする。ふしぎダネ！

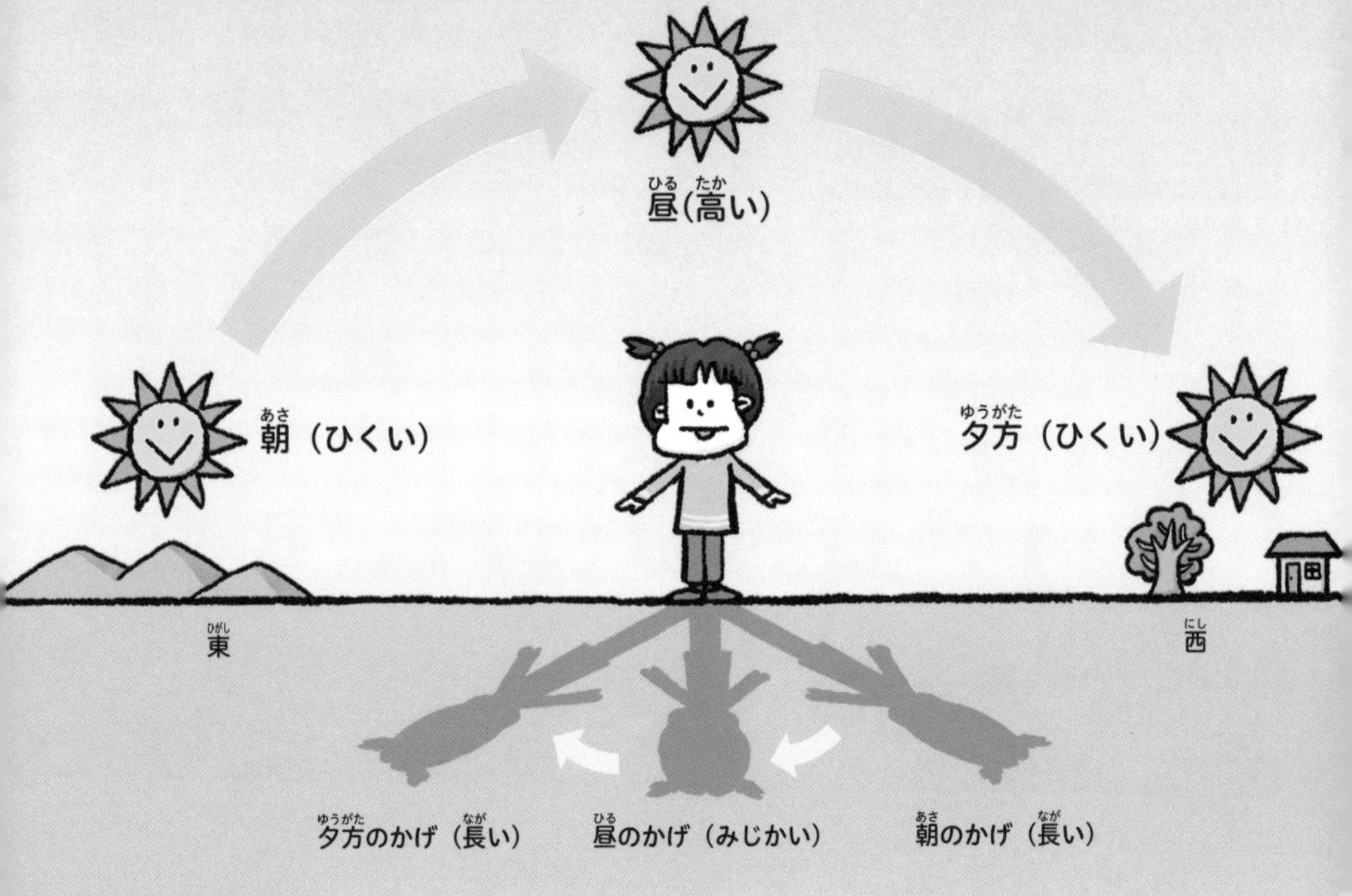
昼《ひる》(高《たか》い)
朝《あさ》（ひくい）
夕方《ゆうがた》（ひくい）
東《ひがし》
西《にし》
夕方《ゆうがた》のかげ（長《なが》い）
昼《ひる》のかげ（みじかい）
朝《あさ》のかげ（長《なが》い）

親子《おやこ》でチャレンジ

かげであそぼう

かげをつかって、外《そと》であそんでみましょう。かげのしくみを知《し》っておくと、あそびも楽《たの》しくなりますよ。

① かげの身長《しんちょう》そくてい

時間《じかん》ごとに地面《じめん》にのびるかげに、石《いし》などでしるしをつけて、メジャーなどでかげの身長《しんちょう》をはかります。かげののびちぢみするようすがわかります。

かぜを ひくと ねつが でるのは なぜ?

ミラクル! メンエキサイボーズ

ぼくら、ミラクル!
メンエキサイボーズ。
まいにち、ボスの
ノーの もと、
わるものたちから
あっくんの からだを
まもるために
はたらいて いる。

キラト
マクロ
ジュー
ビー
コウチ
ティーザ
ヘルト
エヌキ

クイズ

マクロが ピンチに なった ときに、つかった アイテムは なに?

きょうも　いつもの　ように、
パトロールを　して　いた　ときだ。
ジューが　へんな　ものを　みつけた。
「なんだ　これ。さては　あっくん、
おやつの　まえに、てあらいと
うがいを　しなかったな。
それで　こんな　ものが　いっしょに
はいって　きたのかも。
ヘルト、これが　なにか　わかる？」
「ちゃんと　しらべないと
わからないね。ちょっと　まってて。
おかしな　ところが　ないか、
いそいで　みて　くるよ。」

ヘルトが、はしって　いくと、のどの　ちかくに、
マクロと　コウチ、エヌキが　あやしいものを
おいかけまわして　いた。
「お、ヘルト。いい　ところに
きて　くれた。
こいつらが　あっくんの
からだに　わるさをして　いるんだ。
いったい、なにか　おしえてくれ。」
「わかった、まかせて。
……ふむふむ。
てきは、ウィルースと
サイキーンだ。
ビーと　キラトを
よんで　くる！」

ところが、マクロは　おおよわり。
「て、てきは、つよい……。このままでは、
みんなが　くるまでに　まけて　しまう。
ボスの　ノーに　たすけを　もとめよう。」
マクロが　だしたのは、
ひっさつアイテム・サイトカインだ。

さっそく　それを　うけとった
ボスの　ノー。
チョーウルトラわざの
しれいを　だした。
「からだじゅうの　きんにくよ、
ねつを　だしまくれー！」

たくさん　でた　ねつの　おかげで、
メンエキサイボーズは、
みるみる　うちに　パワーアップ。
たすけに　かけつけた　ビーと　キラトと
ちからを　あわせて、
コウチも　ヘルトも　エヌキも　わるものたちに、
こうげきを　かいし。
「とつげきだー。」「ねらいうちよ！」
「うでが　なるぜ！」
なんでも　かんでも、まわりを
はげしく　こわしはじめた
キラトに、ティーサが　いった。
「おちつけ、キラト。
わるものだけを　ねらうんだ。」

はげしい　たたかいの　すえ、
ついに　わるものを
たおしたぞ。
やったぜ！
メンエキサイボーズ。
たたかいは、
まだまだ　つづく。

もっとたのしむヒント

体を守るために発熱が必要だとわかるお話です。免疫細胞ごとに戦い方が違うので、「なぜコウチはかみついているのかな？」など声をかけてから、どうやって免疫細胞が病原体を攻撃しているかも考えてみるといいですね。

クイズのこたえ　サイトカイン

もっと知《し》りたい!

からだをまもるしくみのこと

からだには、なかに入《はい》ってきたわるいものから、からだをまもるしくみがそなわっています。このしくみを「免疫《めんえき》」といいます。熱《ねつ》が出《で》るのは、免疫《めんえき》がきちんとはたらくために必要《ひつよう》です。

どうして熱《ねつ》を出《だ》したときは、おでこをひやすのかな?

からだをまもる3つのガード

わたしたちのからだにそなわっている免疫《めんえき》には、3つのガード機能《きのう》があります。第《だい》1のガードが鼻《はな》やのどのねんまく、毛《け》、皮《ひ》ふです。第《だい》1のガードをこえてわるいものが入《はい》ったとき、からだをまもるのが「免疫《めんえき》さいぼう」とよばれるものです。すばやく攻《こう》げきをはじめる免疫《めんえき》さいぼうたちが、第《だい》2のガードとなってはたらきます。また、免疫《めんえき》さいぼうには強《つよ》いけれど、攻《こう》げきするまでに時間《じかん》がかかるものもいます。こうした免疫《めんえき》さいぼうは第《だい》3のガードとなってはたらきます。

❷ 第《だい》2のガード

免疫《めんえき》さいぼうのうち、マクロファージ、NK《エヌケー》さいぼう、好中球《こうちゅうきゅう》、樹状《じゅじょう》さいぼうが、すぐに攻《こう》げきをはじめる。

NK《エヌケー》さいぼう
好中球《こうちゅうきゅう》
マクロファージ
樹状《じゅじょう》さいぼう

❸ 第《だい》3のガード

入《はい》ってきたわるいものを分析《ぶんせき》するため、攻《こう》げきをはじめるのに時間《じかん》がかかるのがヘルパーT《ティー》さいぼう、B《ビー》さいぼう、キラーT《ティー》さいぼう。キラーT《ティー》さいぼうは、はたらきすぎて健康《けんこう》なさいぼうまで攻《こう》げきすることがある。

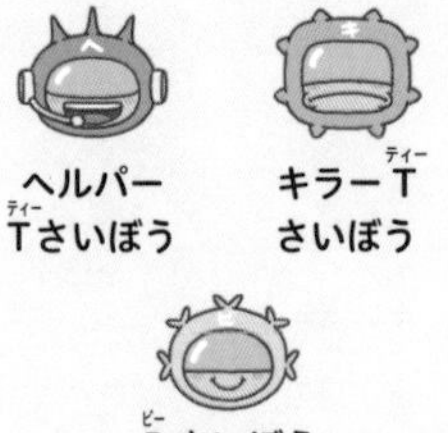
ヘルパーT《ティー》さいぼう
キラーT《ティー》さいぼう
B《ビー》さいぼう

手《て》あらい・うがいで　ガード力《りょく》アップ

外《そと》から帰《かえ》ったときや食事《しょくじ》の前《まえ》には、手《て》あらい・うがいをすることが大切《たいせつ》です。細菌《さいきん》やウイルスを手《て》からはがしたり、のどから入《はい》ってくるのをふせいだりする効果《こうか》があるからです。

❶ 第《だい》1のガード

鼻《はな》やのどのねんまくにからだにわるいものがつくと、外《そと》へたんや鼻水《はなみず》として出《だ》される。毛《け》、皮《ひ》ふなどで、わるいものがからだのおくへ入《はい》らないようにする。

くしゃみすると、なみだもいっしょに出《で》ちゃっタネ！
なんでだろう？

入《はい》れない！
ハックショーン！
制《せい》ぎょ性《せい》T《ティー》さいぼう
テ
エ
マ
キ
キラーT《ティー》さいぼうがはたらきすぎないように、おさえるよ。

細菌《さいきん》・ウイルス

病気《びょうき》の原因《げんいん》となるもので、どちらも目《め》に見《み》えないくらい小《ちい》さい。細菌《さいきん》は、栄養《えいよう》と水《みず》などがあればふえる。ウイルスは、生《い》きたさいぼうのなかに入《はい》りこんでふえる。

せき・くしゃみ

せきやくしゃみも、からだのなかに入《はい》ってきたわるいものを外《そと》へ出《だ》そうとしておこる。これもりっぱな免疫《めんえき》の機能《きのう》のひとつ。

どうぶつも　たびを　するの？

サケオと　サケコの　だいりょこう

はるに　なりました。
サケの　サケオと　サケコの
からだには、
こばん　みたいな　もようが
でて　きました。
「うおー。これは　おとなに
なる　しるしだよ。そろそろ
かわから　しゅっぱつだ！」
「レッツ、ギョー！」

クイズ

この　にもつは
だれの
にもつ？

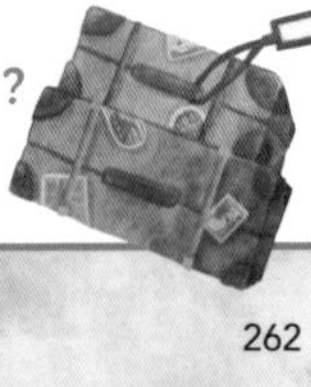

この　かわとも、しばらく　おわかれ。
2ひきが、なかまと　いっしょに
かわから　うみへと　むかって　いると
アサギマダラに　きかれました。

「どこへ　いくの？」

「うみ。」

「たびに　でるの。」

「あら。うみの　えきは
だいこんざつよ。」

「ギョギョッ。」「ウオー。」
2ひきは　びっくり。
きたへ　いく
はくちょうや、
クロマグロ。
とおくの　うみを
こえて　かえって　きた　ツバメや
やって　きた　トンボが　います。
そらも　うみも
おおにぎわいで、
サケオと　サケコは、
かわから　なかなか
でられません。

それでも　やっと　うみへ。
「ひろいねえ。」
「わくわくするわ。」
はじめての　うみの
みずは　しょっぱい　けれど、
2ひきは　ゆうきを　だして、
おおきな　うみへ
およぎだしました。

うみには　おいしい　ものが　いっぱいです。
イワシに　オキアミ、プランクトン。
うみの　ながれに　ぐるぐる　のって、
2ひきは　パクパク　たべました。
からだは　だんだん　おおきく
なって　きましたが……。

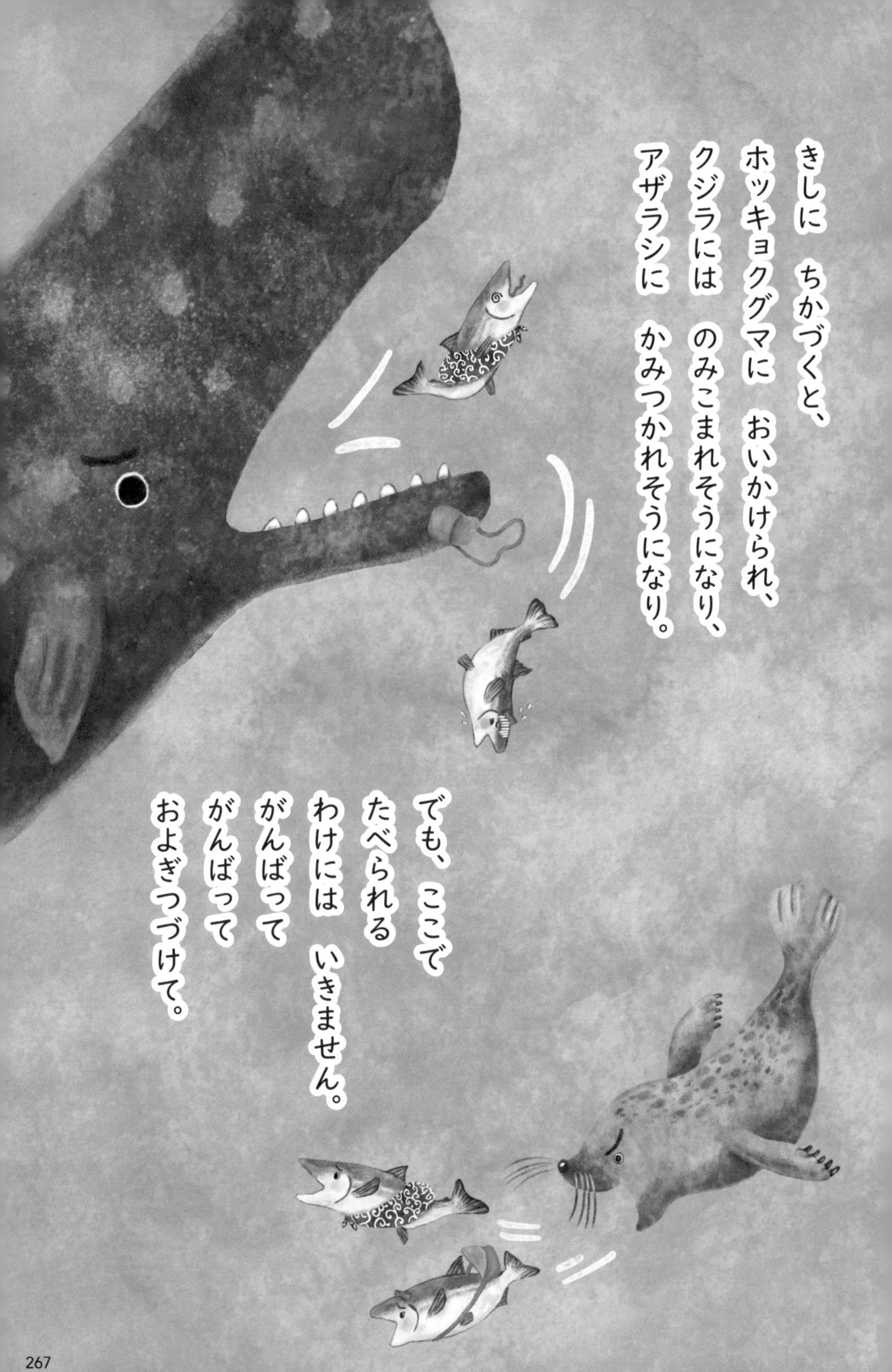

きしに　ちかづくと、
ホッキョクグマに　おいかけられ、
クジラには　のみこまれそうになり、
アザラシに　かみつかれそうになり。

でも、ここで
たべられる
わけには　いきません。
がんばって
がんばって
およぎつづけて。

やがて、３ねんが　たちました。
サケオは　すっかり　たくましく。
サケコは　おなかが　ふくらんで。
りっぱな　ぎんいろの　おとなです。

♪かえろ、　かえろう、
ふるさとへ。

♪さらさら
ながれる
あの　かわへ♪

２ひきは　うたいながら
うみの　えきに
かえって　きました。